僕たちは、地味な起業で食っていく。

低調創業

任何一個平凡人，
都可以在幫助別人的過程中，
找到自己的商業價值

田中祐一 著
郭子菱 譯

「要繼續待在現在的公司工作嗎？
還是轉職去其他公司？」
「什麼樣的職涯規畫才適合自己？」
「我只能像這樣待在公司裡嗎？」

現在的你，是否有這樣的煩惱與焦慮呢？

即便沒有特別「想做的事」、「一大筆錢」和「明確的願景」，

也有比其他工作方式更安全，

能夠讓你經濟獨立的超厲害工作方法。

那就是「低調創業」。

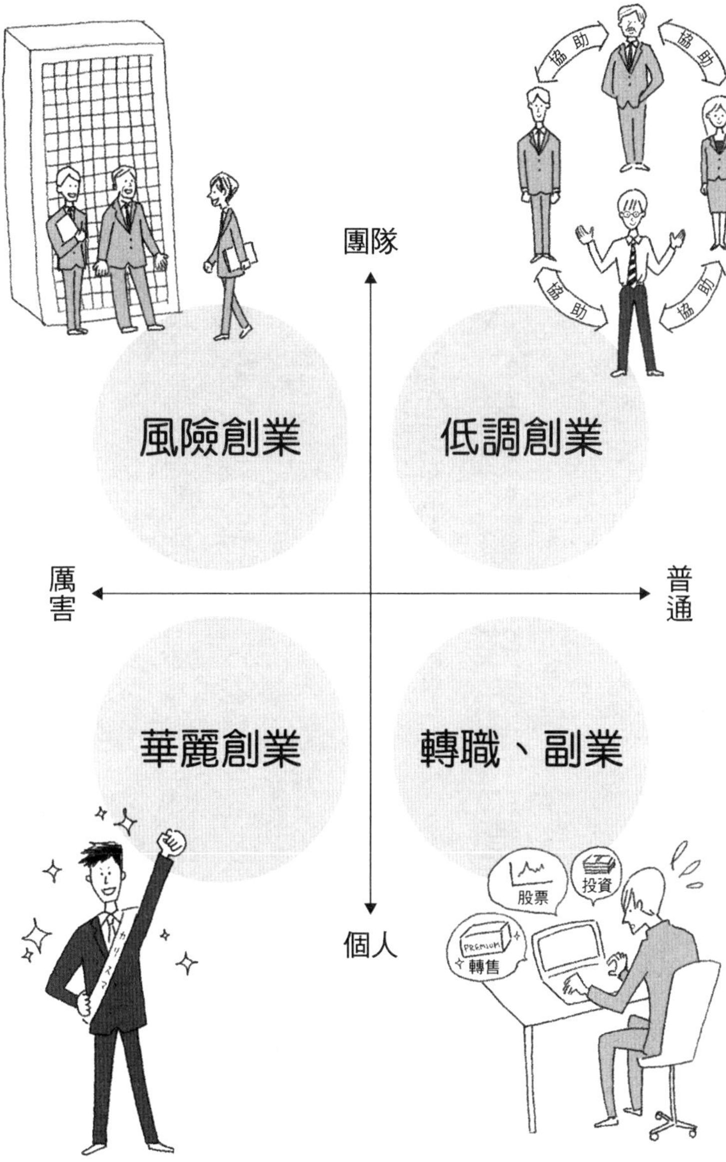
團隊
個人
厲害
普通
風險創業
低調創業
華麗創業
轉職、副業
協助
協助
協助
協助
股票
投資
PREMIUM
轉售

大家所熟知的「創業」是「華麗創業」。
必須要有資金、比他人更卓越的技巧、人脈、才能、商業模式……
若沒有具備各式各樣的要素，就做不到。

另一方面，「低調創業」所需要的
只有智慧型手機、電腦，還有些許的「直率」。
就只有這樣。

低調創業

沒辦法馬上就
從公司辭職
想默默增加收入
沒有什麼特別擅長
和非常想做的事
沒有什麼「喜歡
的事」能夠成為
賺錢的點子
想要得到
更好的評價
擅長協助他人
擅長重複性高、
需要耐性的工作
沒什麼存款，
對將來感到不安

需要的事物

- 手機
- 電腦
- 直率

華麗創業

要有五百萬日圓
以上的資金
想打造店鋪
賣自己的商品
想成為有影響力
的網紅
我什麼事都做得到
要靠喜歡的
事情賺錢！
要靠自己的技巧達
到月收一百萬日圓
自己的未來
有無限可能！
目標是大幅提升
工作能力與水平

需要的事物

- 資金調度
- 商業模式
- 滿滿的自信
- 厲害的技巧
- 註冊公司
- 人脈
- 證照
- 設備投資

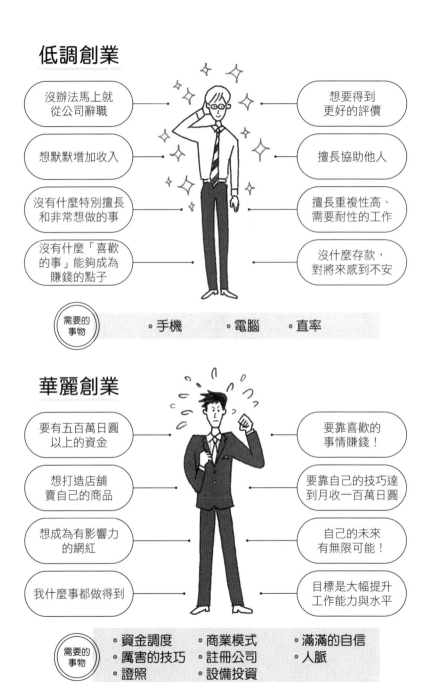

「低調創業」，
是將你平常在做的事情轉換成金錢的工作方式。

你可以藉此消除現在的不安，
「真正的穩定」將會造訪你的人生。

來，向前踏出一步吧！

CONTENTS

序章：將「低調的才能」當成武器，發揮個人最大的「市場價值」

- 「公司」已經不會再守護「個人」 016
- 無論選擇何種職涯，都能貫徹一生的「個人價值」 021
- 百分之九十九的公司員工都沒有注意到轉職的風險 023
- 就算沒有存款、想做的事、願景，也能夠經濟獨立的妙招 026
- 原本是超低調員工的我，到實現經濟獨立之前 027
- 「無論再怎麼優秀的人才，在公司工作五年後也會變成『普通人』。」 029
- 越仰賴「實績」和「技巧」，越無法賺錢 033
- 市場價值＝讓他人對你說「請幫助我」的能力 037
- 在今後的時代，越沒有「喜歡的事」、「擅長的事」，越能賺錢 039

第1章 「低調創業」的思維模式

▼找出一生都能混口飯吃的工作方式▲

沒必要「自己當主角」 046
對方「做不到的某件事」，將會成為你的資產 051
不需要證照、實績和頭銜 055
不成為「某某達人」也可以 061
只要「零資金」，從今天就可以開始 067
沒有傳達力和影響力也無所謂 074
比投資、聯盟行銷更輕鬆 078
處於「被動立場」會更順利 082
專欄1 沒有從公司辭職的風險，收入急速上升（石原愛子小姐） 085

第2章 試試看「低調創業」

▼適合每個人的賺錢好點子▲

1 展開「低調創業」的方式 090

只需十秒！光看就能找到適合自己的工作方式的「低調創業」類型診斷 091

管理類

- 用Excel管理數字 092
- 系統設定代理 095
- 廣告代理 097

創造類

- 製作圖像 099
- 製作簡報資料 102
- 製作手機影片 104
- 製作網頁與轉包 107
- 代筆 110

溝通類

- 電話接聽 113
- LINE 回覆處理 116
- 研討會調查 118
- 經營研討會與活動 121
- 祕書業務 123

2 加快「低調創業」的速度 127

3 與其自己尋找，這麼做更能發現自己真正擅長的事 133

4 靠「三種神器」精通遠距工作 138

5 「微小的工作」更能讓人成長茁壯 143

專欄 2 **縱使沒有「擅長的事」，也能順利達成經濟獨立**（大脇茂佐先生） 146

第3章

如何遇見商業夥伴，找出你的「資產價值」

▼無論待在當前的公司還是辭職，都能「持續被他人指名」的關鍵▲

LEVEL 1

訂閱創業家、名人等的部落格與電子雜誌 152

- 網路上的連結會使你的年收入暴增 152
- 「越好的工作」，越會透過部落格或電子雜誌招募人才 157
- 「回覆電子雜誌」、回應「讚數」少的貼文，留下好印象 159

LEVEL 2

善用眾包服務 165

- 「非面對面式」的工作占了九成 165
- 從小規模開始，讓「單價」最大化的技巧 169

LEVEL 3

註冊「自宅業務仲介服務」 173

- 「只有週末」、「只有晚上」等，能夠配合自己的時間工作 173
- 比起金錢，應該選擇有所成長的職涯 176

LEVEL 4 參加活動、研討會、線上聚會 180
「把喜歡的事情當成事業」→「協助喜歡的人的事業」 180
資產價值的長久「信用」，高過於眼前的「利益」 183

專欄 3 就算「沒有想做的事」，也能成功 189
（朝田哲朗先生）

第4章 加深信賴關係的溝通神技

▼決定一生年收入的「信用」儲蓄方式▲

低調創業＝相遇的人數×信賴關係的深度×提案數量 196
讓任何人都「想要再跟你見面」的小技巧 200
光是「觀察他人」，就能加強提案能力 206
靠「深入發問」掌握提案內容 215
比起「金錢」，更應該買「經驗」 220

專欄4 「低調創業」解決了退休後對金錢的不安（篠原由紀子小姐） 228

第5章 如何打造「個人價值」，讓未來的職涯更自由

▼將在公司內培養的技巧，轉換為公司外的金錢▲

無法「為了自己」而努力的人，才能以最快的速度成長 234
改變人生的魔法棒——「推廣能力」 242
用「超長期視角」來規畫職涯 246
正因為是平凡人，才能選擇史上最強的職涯對策 250
後記 256

序章

將「低調的才能」當成武器，發揮個人最大的「市場價值」

「公司」已經不會再守護「個人」

初次見面，我是田中祐一。

看了本書書名而翻開封面的你，或許正對未來的職涯隱約感到不安，心想著：**「我是不是只能像這樣待在現在的公司？」**

或者，你正想著：**「現在的工作好討厭，我要不要辭職？」**

我想要針對有這些煩惱的人們撰寫這本書。

我自己在出社會之後的第一步，也是成為公司職員。

大學畢業後，我進入了大型資訊科技開發公司——恩梯梯數據公司（NTT Data）就職，擔任系統工程師。

我的工作很忙碌，有時候週末也要上班，也曾經晚上沒有回家，直接睡在公司裡，不過，整合一個團隊、與客戶一同克服困難的經驗，也是很快樂的。最重要的是，我感受到工作的價值。

不過，我偶爾還是會感到不安。

「我繼續待在現在這家公司工作，將來沒問題嗎？」

「在這個世代，公司又不會照顧我們往後的一生……」

「除了在公司工作，我是不是也該做些什麼其他事情比較好？」

「隨著人口減少，產業整體狀況下滑，日本本身也快完蛋了吧？我可能必須放眼海外，讓自己成為在哪裡都能工作的人……」

我會像這樣鬱悶地想著，並用自己的方式付諸許多行動。

在公司內部，大家常常會自嘲地說：**「如果一直待在這家公司，只會學到在這家公司生存下去的技能。」**

確實，在一家公司工作的時間越長，工作起來會越順手，這是事實。不過，這是學會了整合能力、政治能力等「公司內部限定」能力的結果，全是一些在踏出公司後環境改變的瞬間就無法適用的技巧。

即便我努力學習各種技巧，到頭來只能在「公司內部」使用，一旦在轉職市場上被評斷為「市場價值低的人才」，未來的展望也會被阻斷。當然，其中也有轉職後大為活躍的前輩。不過，對自己沒有足夠自信的我，就算換了工作，也很難得到條件比現在更好的工作。我看過的統計數據也顯示，如果曾經換過工作，有很高的機率會導致年收入和退休金減少，因此我的想法相當悲觀。

最讓我痛心的一句話，是早已離開公司自行創業的前輩告訴我的。

「無論再怎麼優秀的學生，在公司工作五年後也會變成普通人。」

當時是我進入公司的第四年，第五年就近在眼前。在公司不顧一切地工作，到最後等著我的未來，竟然是成為一無是處的「普通人」……光是想像就讓我毛骨悚然。

不過，這又怎麼樣呢？這樣的狀況可不僅限於我以前所待的公司，我想，鐵定有不少人對此有所共鳴。

日本經濟團體連合會（簡稱經團連）的中西宏明會長，曾經針對終身雇用制度表示「已經產生了制度疲勞」，而造成話題。

報紙和電視上都將會長的言論視為「衝擊性發言」，不過，許多商業人士應該都是這麼想的。

「我早知道了。」

「說得也是。」

我們可以待在一家公司直到退休的時代，早已經結束了。

或許在很久以前，只要進入大企業就職，就已經保證了某種程度的未來，不過在現今的時代，就算發生什麼狀況也不奇怪。

就連規模龐大的瑞穗銀行，都採取了允許員工做副業、兼職的新人事制度。瑞穗銀行一直採取「單程票」的人事制度，將管理職派遣到客戶的公司，最後直接轉調過去，不過，這樣的制度在往後除了幹部以外，也將適用於年輕員工。

無論選擇何種職涯，都能貫徹一生的「個人價值」

想要在這種無法預測的世界生存下去，最重要的就是不能只依靠現在任職的公司，而是尋求經濟獨立。**所謂「能夠經濟獨立的人」，便是無論人在不在公司裡，都有能力被周遭人們「指名」的人。**

現在，「只要進入公司就能安穩度日」的時代已經結束。不管是隸屬於公司還是獨立工作，**都能夠讓他人覺得「想要和這個人一起工作」，才是最高的「市場價值」。**

根據二〇一九年五月日本總務省所進行的調查，在六千七百三十二萬的總勞動人口之中，以上班族身分工作的有五千九百九十三萬人。換句話說，在日本，有將近九成的「工作者」都是在公司裡上班的，其中又有很多人是「只有公司薪水這一項收入來源」。

不過，正如同我先前所說的，「只要以正式員工的身分進入公司，就能夠安穩度日」的時代，早已經結束，這種工作方式反而欠缺了「穩定性」。此外，以「提升工作能力」這一點來說，也不夠透明。

原因在於，**一直待在「現在的公司」工作，所能提升的能力就如同我在恩梯梯數據公司的前輩所說的，到頭來不過是「成為只能適用於當前公司的人才而提升的能力」。**

百分之九十九的公司員工都沒有注意到轉職的風險

於是，許多員工所想出來的方式就是轉職。

綜觀整體趨勢，從出社會開始工作到現在，有五十二・五％的人回答「曾經換過工作」，也就是有超過半數的社會人士有轉職經驗。

以年齡來看，二十五到二十九歲中有三十五・五％的人「曾經換過工作」，並有三十三・一％的人「曾經考慮過要換工作」。

換句話說，**大約七成的人在出社會之後的三到七年內，會離開新鮮人時期所待的公司到其他地方，不然就是曾經考慮過此事。**

「沒有前輩會讓我覺得『我將來想要這麼做』之類的。」

「公司沒有加班費。」

「我的薪水很低。」

「公司沒有考績制度。」

「公司沒有紅利。」

「我看不見未來。」

許多擁有這些煩惱的社會人士踏出「轉職」這一步，大多是為了得到這三個結果：「提升工作能力」、「提升收入」和「進入有未來的公司」。

然而，**轉職後真的能得到這些結果嗎？我認為有很高的機率是否定的。**

一言以蔽之，即便轉職了，到頭來依舊是上班族。無論去了基礎多麼穩固的公司，該公司破產的機率也並非為零。再說，就算去了其他「條件更好的公司」，不管是哪家公司，你還是會成為只在那家公司才有用處的人。

除此之外，想要「提升工作能力」和「提升收入」，就必須要有「比他人更優秀的能力」、「比他人更厲害的經驗」。

倘若沒有這些「能夠讓所有人理解的華麗展現重點」，縱使你換了工作，也很難得到「比現在更好的條件」。我想大家都有看過「靠轉職增加年收入」的廣告，不過在《雇用的常識》（海老原嗣生著）一書中，也有數據顯示沒有轉職過的案例年收入最高，越常換工作，平均年收入越會下降，無論年齡層為何。

許多人曾經想過的「轉職」，有著「偌大的風險」。

就算沒有存款、想做的事、願景，也能夠經濟獨立的妙招

那麼，要用怎樣的工作方式，才能提升個人的「市場價值」，實現「工作能力提升」與「收入提升」呢？

能夠實現這一切的最強生存策略，就是本書想要告訴大家的「低調創業」。

講到創業，或許有人會認定是「在對所有風險有所覺悟後執行，一生一次的決勝機會」。大家平常所聽到的「創業」都是「華麗創業」，而本書想要傳達的「低調創業」，工作方式和世間所說的那種冒著眾多風險去執行的「創業」（本書將這種「舊有的創業」定義為「華麗創業」）完全相反。你可以一邊在公司工作一邊執行，也能以個人的身分獨立創業，而且誰都能夠馬上實踐。

你不需要像「轉職」或「華麗創業」的人那樣，擁有「顯著的技能」、「願景」和「商

業模式」，更不需要展開一項事業的「資金」，只要有手機和電腦即可。

一言以蔽之，**就是靠「製作資料、制定行程、開會、簡報」這種每個上班族平常都在做的「低調技巧」，便能夠經濟獨立，是全世界風險最低的超安全牌工作方式**。

為什麼我會如此熱情地向各位推薦「低調創業」呢？為了讓大家理解這一點，我先簡單說明曾為上班族的我走向低調創業之路的歷程。

原本是超低調員工的我，到實現經濟獨立之前

正如先前所述，我從大學畢業後進入恩梯梯數據公司就職，擔任系統工程師。

原本我會以系統工程師為目標，就是因為當時我認為「往後必須要加強資訊科技技巧才行」。我還記得在拜訪前輩時，大家告訴我：「系統工程師這份工作，講求社會

人士不可或缺的溝通能力。」這也加強了我的決心。

與各式各樣的人們斡旋，整合相關人員，完成一項大型專案。對這類工作有所憧憬的我，很幸運地得到了第一志願恩梯梯數據公司的內定資格。

現在回顧當時的狀況，我才發現自己並非如此優秀的員工，畢竟我在進入公司後的程式設計研修成績是四十人裡的最後一名。在獲得內定時，我的打字能力也只有「用一根食指確實打字」的等級，這也是理所當然的。

我身邊的同期都是畢業於東京大學、京都大學或早稻田、慶應大學的優秀人士。我很早就放棄在公司大出風頭的機會，一邊思考著「大家都是怎麼維持好心情工作的」，一邊上班。我在暗中協助專案，為團隊貢獻，而我的個性也很適合這樣的工作方式，即便週末要工作也不覺得辛苦。

由於那是一家大型企業，與同世代的社會人士相比，相較來說待遇也比較優渥。

然而，如果甘於這樣的待遇一直待在這家公司，我總感覺自己有一天會無法再回頭。我早已經想像得到，在結婚、有小孩之後，我貸款買了房子，即便想辭職也做不到的情境。

等到成為資深員工再自願離職或「被勸辭職」，已經太遲了。最重要的是，我比其他人還不靈光，「必須早點動起來準備！」的焦躁感非常強烈。

只是，我既沒有特別突出的能力，也沒有擅長的事，想不到該做什麼才好。「太糟糕了！但我到底要做什麼才好呢？」這樣的焦慮感包圍了我自己。

「無論再怎麼優秀的人才，在公司工作五年後也會變成『普通人』。」

我被每天的工作追著跑，等我注意到時，創業前輩對我說的那句話已經深深烙印在我心中。

「無論再怎麼優秀的學生，在公司工作五年後也會變成普通人。」

原本就沒有特別優秀的我，如果繼續被公司慣養，究竟會變成怎麼樣呢？我想像著彷彿被孤單留在無人島上的我究竟有什麼未來，感到十分恐懼。話雖如此，我也沒有勇氣換工作，更沒有想過創業這條路。

在這樣的日子裡，我開始和在聯誼中認識的女性交往。對方以開咖啡廳為目標，是個「有強烈認知」的人。

我被她的話語給感化，對創業一事逐漸關心起來。她使我發現了創業的世界。

「原來如此，也有不靠轉職前往下一個階段，自行創業的方法啊！」

某天，對方說：「有一個派對會有我最喜歡的創業家出席，田中也一起去吧！」邀請了我，於是我就出門了。

老實說，我天生就很內向。

如果被初次見面的人給包圍，我會立刻感到害羞，說不出話來。有了大學時代的社團活動，以及出社會後的經驗、參加學習會等的機會後，我原本以為自己已經克服得差不多了，但那個時候的我完全沒辦法與現場的人對話。

在「創業家」面前的我感到相當膽怯，只是一直靠著牆邊虛度時間。女朋友體貼地為我介紹了創業家前輩，我卻只能說些「噢噢」、「嗯嗯」這種稱不上話的話，完全無法對話。那天的我身心都相當沮喪，就這樣回到家中。

我和女朋友之間的關係，也從那一天開始變僵。

即便我說「想見面」，她也不來見我。大約過了兩週後，對方說「有點話想跟我聊聊」，把我約出去，並單方面甩了我。

我到現在依舊清晰地記得她對我說：「像你這樣的人實在太沒用了！」而那個地點是在品川車站的月臺。

和她分手一事令人十分痛苦，讓我開始思考：

「總有一天我一定要讓她回頭來找我。再說，因為被女朋友甩了而創業，這個故事感覺也挺有趣的。」

隔天，我馬上向公司遞辭呈。雖然我很快就下定決心要離職，但對於創業的展望仍舊是一片空白。因此，在離職前的交接期間，我開始尋找創業的點子。

當時，我想到了「以智慧型手機為取向來製作網頁的相關諮詢」。我剛好在公司有處理某企業手機網頁的經驗，心想「這樣的話我應該也做得到」。現在回想起來，我當時太輕視靠個人品牌賺錢的「華麗創業」了。

越仰賴「實績」和「技巧」，越無法賺錢

從結論來說，我沒能以顧問的身分賺到錢。

本來我就沒有什麼實際成績，也沒有業務技巧，更別說展現自信去向他人提案「這是有成效的網頁」、「我正在做網站的諮詢」等，我根本不曉得該如何找到客戶。

縱使參加了交流會、委託認識的人介紹工作、撰寫部落格、發文至社群網站，也完全沒能拿到工作。就算我有機會與他人會面，也沒辦法賺到錢。

在無可奈何之下，我只好免費幫忙在研討會等活動上認識的客人做網頁，並協助各種支援。我無法忍受「什麼事都不做」的狀態，即便免費，我也想要做一些像是工作的事──這才是我的真心話。

有一次，我回想起自己曾經跟某一位客人聊到「想要了解經營店鋪的方式」。於是我在書店買了四本左右的參考書，將內容摘要成一份報告，送去給客人。我做這些事的心情，只是希望多少能當作對方的參考。

順帶一提，我並非經營店鋪的專家，只是摘要了書籍的內容而已。我所製作的報告相當正統，感覺上就算委託給一般公司裡二十五歲以下的年輕員工也沒問題。

出乎意料的是，客人在看了報告之後對我說：

「真是謝謝你前陣子提供的報告，我有參考喔！我想要跟你商量一下，願不願意以每個月三萬日圓的酬勞來幫我們公司？」

所謂的當頭棒喝，就是這麼一回事。

我本來深信，沒有「特別才能」就無法創業。然而事實上，讓我賺到錢的並非特別的才能，而是「低調的協助」。

當時我還半信半疑，不過在我處理完不少「低調的協助」，有了賺到錢的經驗後，我就確信了：「低調創業也沒問題嘛。不，低調創業實在太棒了！」

「把自己變成品牌吧！」

「把自己的『才能』當成武器吧！」

「成為有影響力的網紅吧！」

這些訊息充斥在當今的世道中，我想在各位讀者裡，應該也有人為了將自己變成品牌而勤奮發布資訊吧。

確實，現今這個時代，只要透過社群網站，誰都能自由發布訊息。真的也有不少人藉由發布「喜歡的事」、「擅長的事」，網羅大量的支持者，創造收入，就像那些成功的 Youtuber 或線上聚會的主持人等。

這些人擁有傳遞資訊的能力，用煽動的方式接連散發出「靠喜歡的事生存！」「付諸行動的人才會勝利！」這類訊息。我也很能理解大家被這些訊息感化，認為一定要有所行動的心情。

不過，請你稍等一下。

冷靜下來想想，在現實中，能夠靠「喜歡的事」、「擅長的事」生存的人，只有一部分而已。恐怕比例是一百人裡有一人，不，搞不好一千人裡只有一個人左右。剩下的大部分人都沒有特別的技能，是極為普通的人。

別說是靠「喜歡的事」、「擅長的事」生存了，無論再怎麼努力，我依舊找不出自己「喜歡的事」、「擅長的事」。既然這樣的我都這麼說了，事實鐵定就是如此。

縱使你被那些靠「喜歡的事」、「擅長的事」生存的網紅給煽動，想要站上同樣的比賽擂臺，還是明顯沒有勝算。那麼，去別的擂臺賺錢，絕對是比較好的。

✎市場價值＝讓他人對你說「請幫助我」的能力

那麼，究竟該怎麼做才好呢？

很簡單，只要幫助有困難的人就行了。

各位的周遭是否有充滿熱情的創業家，或是正準備創業的人呢？首先，你只要一邊協助這些人，一邊磨練自己的技巧，就沒問題了。

倘若身邊沒有你想要支援的人，就去尋找。我會在後面詳細說明尋找的方式，這跟找出與金錢有直接關係的「喜歡的事」、「擅長的事」相比，難度較低。

最近，我接受了一個後輩的諮詢。他花了三、四年尋找創業的點子，不斷嘗試錯誤，到頭來還是沒找到。我簡直就像是在看著過去的自己。於是，我對他說：

「你根本不需要什麼創業的點子。你想要靠喜歡的事賺錢？你有這種閒功夫，還不如試著去協助喜歡的人。一邊支援喜歡的人，一邊賺錢，在這樣的過程中，或許你就會找到生意的好點子，到了那時候，你至今為止所培養的技巧一定會派上用場。」

這是很重要的事，我要再重申一次。

縱使沒有什麼特別「想做的事」或「擅長的事」，也能夠賺到錢。只是幫助他人，就能創業。

沒有傳達資訊的能力，也無妨。

透過社群網站發布訊息是很好，但你也不必勉強自己這麼做。即便要去傳遞想法，也有大半的人因為找不到想法而感到困擾。「沒有想法」並非可恥的事，而是理所當然的，沒有想法也沒問題。

在社群網站上，重要的並非發布訊息，而是「與想要支援的人有所連結」，除此之外沒有別的了。

就算只是在必要範圍內最小限度的連結也無妨，如果能夠幫助這些有連結的人並賺到錢，你就稱得上是成功了。

在今後的時代，越沒有「喜歡的事」、「擅長的事」，越能賺錢

在我身邊靠低調創業而賺到錢的人，在年齡和性別上都很分散。像是在人事部門與會計部門累積職涯經驗的人，就有「光是總務工作就做了三十年」的人。

「因為在公司內部都是做協助他人這種人人都能勝任的事情，我才沒有什麼特別技能。」

這種乍看之下與創業毫無關係的人，更具有適合低調創業的特性。事實上，曾經參加許多創業補習班且反覆經歷挫折的人，在將立場切換至支援他人的瞬間，馬上就開始賺到錢的案例，我也看多了。

原因在於，**許多讓人覺得「我喜歡這個人！」「我想支援他！」的人，才是已經找到特別才能的厲害之人。唯有這些人，才會完全沒有辦法做普通公司員工在做的那種事務性作業。**

例如，關於我初期曾經協助過的心靈顧問（編注：直譯為精神顧問，在日本是指通靈者，會與靈體溝通，藉以解決他人煩惱的一種諮商師），就是一個「在部落格上募集研討會的參加者，卻不知道現在到底有多少人要來」的人。

「咦？這不是你自己募集的嗎？」對方的事務性技巧讓我很想要吐槽。我只是用Excel軟體製作參加者名單，確認他們是否已經付款，對方就感謝我到讓我難以置信的地步。

用Excel軟體製作名單並確認對方有無付款，並不需要什麼特別的技巧。倒不如說，長年埋頭做會計和總務這類工作的人，對此再擅長不過了。

如果有人做總務和會計的工作二、三十年，對「自己沒有任何專長，不曉得將來能否繼續工作」而感到不安，請務必挑戰低調創業。

只是改變工作領域一步，你鐵定就能夠成為搶手的人才。**在低調創業的世界裡，只要能做到普通的「報告、聯絡、商量」，就會領先很多了。沒有任何專長，事實上才是最強的專長。**

低調創業的基礎就是協助，當然，你也有可能被委託至今為止從沒做過的工作。例如拍攝宣傳用的影片，上字幕、剪輯後再上傳到網站的作業，就相當常見。聽到這裡，可能有人會感到退縮，不過你不必擔心。

低調創業會做的工作，都是只要上網搜尋做法，百分之百都有辦法解決的。

搜尋「手機　拍攝影片」、「影片　上字幕的方式」等之後，就能理解大部分的做法了。你只要實際按照搜尋到的說明進行，就可以完成任務。把拍攝好的影片展示給對方看，他一定會十分感激你的。

說到底，這件事情的目的是要靠影片宣傳得到效果，因此熟不熟悉拍攝與剪輯影片的流程都不重要。對平常認真工作的公司職員而言，這些工作的難度等級都可以在毫無問題的情況下解決。

靠低調創業成功的人們，並非行銷、公關或是經營的專家，只是普通人。不過，有許多人得到了超越專家的卓越成果。

我想透過本書傳達給各位的是，與其將喜歡的事當成事業，支援喜歡的人的事業，才會更順利。

「靠喜歡的事活下去吧！」

近來，無論是在網路社會還是現實世界，我們都常常聽到這麼一句話。

當然，有「喜歡的事」和「擅長的事」，並能將此當成工作的人，是非常棒的。

不過，我本身並沒有什麼特別「喜歡的事」和「擅長的事」，為了找出這些事也考慮過很多，結果還是一頭霧水。

我想，在閱讀本書的人裡，鐵定有對此感到共鳴的人。

比起勉強去尋找「喜歡的事」，更重要的是和想要支援的人相遇。**只要能和想要支援的人相遇並協助對方，縱使是沒有「才能」、「技巧」、「想法」、「想做的事情」和「金錢」的普通人，也可以展開低調創業。**

接著，你就能夠用符合自己的方式，獲得經濟上的獨立了。

第1章

「低調創業」的思維模式

▼找出一生都能混口飯吃的工作方式▲

沒必要「自己當主角」

在第一章，我想深入探討本書所提出的「低調創業」究竟是什麼。

一般而言，講到「創業」，大家都會想像有一個個性獨特、角色鮮明的社長。

或者，那位社長是經歷了「波瀾萬丈的人生」、克服了痛苦經驗的無敵人士。

我從受雇於他人的時期開始，就對後者有極為強烈的印象，也曾經煩惱過「我並沒有克服莫大艱辛的經驗，能夠讓人尊敬……」。

因此，就各種意義上來說，我們總是會有這樣的印象：角色「鮮明」的社長動員大家一同參與，完成某項大事業。

此外，這位社長非常喜歡「創新」這個詞，熱愛闡述未來的願景，給人一種堅定追求使命的感覺。正如我在序章裡提到的，本書將這種舊有的「創業」，定義為「華麗創業」。

但另一方面，**本書想要告訴大家的「低調創業」，是藉由支援某個人來賺錢，是一種門檻極低、沒有風險的嶄新工作型態。**所謂支援，就是以無名英雄、配角的身分去扶持主角的協助者，因此，本來就沒必要自己當主角。

這是很重要的一點，請各位一定要牢記。

正因為當配角也無妨，所以像是出眾的存在感、強勢、魅力、拉攏周遭的能力、聲音大小、華麗的外表與強烈的個性等要素，全都沒必要。

倒不如說，**個性善良成熟、對任何事情的態度都很謹慎的人，顯然更適合低調創業。**

你也不需要特別的技能。

所謂低調創業，就是在對方感到困擾、棘手之際去協助進行工作，因此，這些人會要求你擁有各式各樣、千差萬別的技巧。**沒有一技之長的人，才不會有奇怪的堅持，因此能夠盡快回應對方的期望。**

我們常說，在當今的時代，擁有知識已經不再是強項。在這個時代，只是傳遞知識，很難轉變成金錢。

能夠馬上掌握必要知識的「搜尋能力」更重要。以搜尋後得到的資訊為基礎，代替他人處理某些作業，才能夠轉換為自己的金錢。

大多數必要的知識都可以靠搜尋網路得手。「Google 廣告　發布方法」、「網頁　免費　製作方法」、「電子雜誌　發布方法」……我就是像這樣逐一調查自己不知道的事，並加以克服。

如果搜尋後還是不懂，你也可以詢問他人、買書閱讀或是去聽講座學習。無論是用哪種方法，只要付出些許努力，大多事情都會船到橋頭自然直。

我相信，支援他人的經驗會成為支持自己人生的「資產價值」。大多數人最初都想從推廣自己開始，所以才會失敗。假使從支援他人起步，你會有更精深的經驗，人脈也會變得更廣，更能得到機會。

就連找出自己獨立創業之關鍵的可能性也是一樣，經歷過低調創業，成功率才會提高許多。

低調創業中，潛藏著不會低調結束的，充滿無限可能的未來。

當然，一邊在現在的公司上班，一邊維持低調創業，同時兼兩份工作也沒什麼問題。你也有可能繼續當個幕後人員，並逐漸擴大事業規模。有許多人正是像這樣用低調創業的形式，賺到許多財富。

你更有機會和我一樣，做為協助者，在背後默默為自己喜歡且想要支援的人工作，並在這段過程中找到自己的路，最後轉為以自己為主角的華麗創業。

只要持續低調創業，人脈就可以累積，也會有一些實績。你一定也會注意到過去從沒有發現過的「個人強項」，我就是像這樣從低調創業轉為華麗創業，並一路順利地走過來。

低調創業，正是「得以讓你在人生中選擇任何一條路」的萬能技巧。

統整

- **1.** 自己擔任配角也無妨。
- **2.** 只要上網搜尋，就可以找到解決大部分事情的方法。
- **3.** 從低調創業著手，未來的職涯才會更寬廣。

對方「做不到的某件事」，將會成為你的資產

低調創業不需要特別的技巧，也無須什麼點子。

就我看來，很多人都被「創業必須要有好點子」、「要有劃時代的想法，才能夠創業」的思維給束縛住了。

谷歌（Google）、蘋果（Apple）、亞馬遜（Amazon）、臉書（Facebook）等當今廣受喜愛的頂尖企業，都是靠劃時代的想法解決了社會上的課題，改變了世界。

這是事實。只要將優秀的點子轉化為事業，就能賺錢。

不過，這些想法不是那麼簡單就能想出來的，對吧？**如果心想「等想出好點子就來創業」，有百分之九十九的人在創業之前就會結束一生。正因如此，能夠踏出去「華麗創業」的人僅有極少數。**

與找出還沒有人發現的「嶄新點子」相比，幫助眼前陷入煩惱的人，創業起來會比較輕鬆。

我們會想要支付金錢給那些解決「自己做不到的事（＝煩惱）」的人。正因為這樣，**比起「厲害的點子」，「解決客人的煩惱」更重要。**

我曾經花了兩年左右的時間看書和雜誌，一邊透過網路獲得資訊，一邊尋找創業的點子。當然，我沒有找到。我怎麼可能找到。但若是低調創業，就沒有必要尋找點子了。

為何低調創業不需要點子？因為在這個世界上，低調的「麻煩事」多到滿出來了。

「我想製作網頁，卻不知道怎麼製作才好。」
「我做不出網頁設計，很困擾。」
「希望有人能夠幫我寫收件人的姓名和地址。」
「我想要每天更新部落格文章，正在尋找能夠代替我做的人。」

有這類想法的人，在這個世界上多到數不清。現在，能夠媒合這些工作發案方與接案方的各種雲端眾包服務（編注：眾包〔crowdsourcing〕，結合群眾〔crowd〕和外包〔outsourcing〕的詞義）也相當發達，在這個瞬間應該也網羅了無數的案件。

只要代替當事人解決「想做什麼事卻做不到」的困擾，即便你沒有想法，也能夠賺到錢。因此，**不必拘泥於點子，著眼在對方困擾的事情上就行了。**

各位小時候是否曾經幫忙苦於肩痛的父母捶肩，賺個十日圓、二十日圓的零用錢呢？其原理和低調創業完全相同。捶肩可不需要什麼點子，只是「苦於肩痛↓用捶肩解決」罷了。

將客人的煩惱與「做不到某件事」的負面情感，轉化成你的金錢，這正是低調創業的最大特徵。

統整

- **1.** 不需要尋找創業的點子。
- **2.** 要著眼於他人煩惱的事情，而非點子。
- **3.** 只要解決煩惱的事，就能賺錢。

不需要證照、實績和頭銜

低調創業不需要特別的證照或頭銜。

真要說的話，像「創業家協助者　田中祐一」這樣寬鬆的頭銜就足夠了。當然，也沒有成為創業家協助者而必須考取的證照，還請放心。

一般而言，說到對將來職涯的準備，就是取得證照了。

在我還是公司員工時，也曾有過一段時期為了取得證照而努力念書，想要以此揮去對將來的不安。

當時，我總認為「金融、資訊科技、英語」是一定要擁有的技能。我應該是看了某篇文章這麼寫，才被感化了。

因此，我取得了財務策畫師、簿記與基礎資訊科技工程師測驗（簡稱FE）等，感覺起來對將來會有幫助的相關證照。此外，我還經常參加名為「學習咖啡廳」的交流會。這是個像咖啡廳的地方，一群學習欲望高漲的人聚在一起學習。不可思議的是，只要和擁有相同目標的夥伴一同學習，就會覺得很平靜。

現在回想起來，或許我並不是因為學習才消除了對未來的不安，只是在學習的期間不會去想這些讓人不安的事罷了。

光是大量輸入，人生並不會改變。

小小的輸出，才擁有改變人生的力量。

如果是低調創業，即便沒有這些證照，也能夠得到工作。反過來說，得到多益

（TOEIC）英語測驗滿分，也不代表一定能得到工作。

到頭來，只有客人的煩惱與「做不到某件事」的負面情緒，才能轉換成你的金錢收入，光有證照無法解決負面的情感。

只要有證照就能得到工作，只是單純的自以為是。

請試著站在客人的立場思考。例如，假設大家都想要製作自己的網頁，卻不知道怎麼做，正在煩惱。

「咦？你在煩惱那種事啊？那下次我幫你做吧。只要稍微查一下，應該就能做出還算可行的成品。」

一個是提出這類建議的友人，另一個是網頁製作能力檢定合格，不知道要花多少錢才會幫你做，而你不太清楚對方是誰的人。你會想要委託工作給誰呢？我想大部分的人鐵定會委託給朋友，並用請吃飯等做為回報吧。

只要能掌握對方困擾的事情，提出解決方案，對方一定會把工作委託給你。

不需要過去的成功經驗和實績。

「若想要獨立創業，你就得在公司內部的員工當中留下某種程度的實績！」

「上班族時代的實績會成為創業時的偌大助力。」

我們經常聽到他人這麼說。有些人相信了這些話，心想著還有一年、還有一年……

就這樣一直待在公司裡。其實不用想得這麼嚴重也沒關係。

低調創業幾乎都是因「低調的協助」才成立，大部分的事情都不需要實績也能做

到。只要你有那個念頭，利用公司下班後的一到兩個小時默默開始執行。如此一來，不用說什麼一年後等等，現在馬上著手也無妨。

順帶一提，或許有些客人會提出「請告訴我你的實績」、「你過去有多少經驗？」等疑問。站在對方的立場來說，比起沒有實績的人，委託工作給有實績的人會比較放心。

在這種時候，你就直接闡述自己沒有實績這件事情就行了。「因為現在沒有實績，才會想要認真面對這項工作，讓自己提升到下一個等級。」「一開始是免費的，希望你能看看我的成果」等等，試著誠實以告。倘若最後沒有簽定能夠得到報酬的契約，就感謝對方給自己累積經驗的機會，再向其他人搭話並建立關係即可。

此外，在低調創業剛起步時，不必勉強和過於講究實績的人一起工作。那種只拘泥於結果的人，很有可能無法和各位朝著同樣的方向前進。

最重要的是，「和這個人一起工作感覺很開心」、「想要支援這個人，為對方貢獻」的想法。

以我的經驗來說，「一起工作會很有趣！」的模式能夠維持比較長期的關係，也可以全心集中精神在商業上。

統整

- **1.** 不需要證照。
- **2.** 與在公司的實績和考績沒有關係。
- **3.** 即便沒有創業的實績也能得到工作。

不成為「某某達人」也可以

在低調創業時，沒必要專攻於某個項目。意思就是，不用像「某某專家」、「某某達人」那樣有個明確的招牌。

當然，我知道在華麗創業的情況下，優勢具有很大的意義。在華麗創業時，把能夠賺錢的特別才華當成事業的梁柱，是老規矩了。不過，這只有在想要大賺一筆、想要成立一家大公司時才需要。

必須具有優勢的原因，在於如此才能夠有自信地銷售商品和服務。事實上，工作的規模越大，優勢越會成為賣點，也更容易推廣、聚集目光焦點。

不過，低調創業不會採取推銷優勢的營業方法。

與推銷優勢相較，「只要是你困擾的事情，我什麼都可以做到」的展現方式更重要。只要像這樣踏實地去做一萬日圓、兩萬日圓、三萬日圓等級的小工作，就能累積經驗和實績。這件事情比穩固自己的優勢，還要重要好幾倍。

其實，就算你鑽牛角尖去思考「優勢」究竟是什麼，也只會得出稱不上是答案、模稜兩可的結論。

假使有人能夠用十一秒跑完一百公尺，那對方的優勢或許是「跑步很快」。不過，當這個人出現在日本錦標賽之中，就會變成「跑步很慢的人」，以全世界的標準來看，更是完全沒有勝算。

反過來說也一樣。

正如我一開始所說的，我在就職後馬上就參加了程式設計研修，在四十人裡得到第四十名，也就是倒數第一的成績。同期人士裡，我在資訊科技和程式設計方面的能力是很強的，因此這樣的成績讓我羞恥到無法對他們說出口。

然而，當我參加公司外部的交流會等活動時，只要跟當時認識的人推薦「使用這類的手機應用程式就會很方便」，對方便會驚訝地說：「你是大神！」並感到喜悅（其實我才不是神，而是最後一名）。

順帶一提，有一個名為「eFax」的應用程式，可以讓人使用手機接收傳真。我只要一介紹，大家通常都會很開心。原本以為一定要在事務所才能接收傳真的社長，更是非常感謝我。

我想，大家也有在回老家時被父母問到電腦或手機的使用方法，請你教他們要怎麼使用的經驗吧。雖然說是教，但其實只是電子郵件的設定、下載應用程式這種很多人都會做的事。不過，倘若雙親不太擅長手機或電腦，你的小小協助就會被感謝。

只要把低調創業想像成這類行為的延伸，就很好理解了。

換句話說，**踏出自己所知世界的一步之外，就會有一個完全不同的廣闊世界。自己平常在做的事、想也沒想過的事，將會成為你的優勢。**

因此，與其執意要找出自己的優勢，去磨練能夠找出對方有什麼困擾的能力，顯然有利得多。

在找出對方有什麼困擾時，要點就在於詢問能力和觀察力。

例如，在和交流會上認識的人交換名片時，如果有時間推銷或展現自己，還不如透過對話，將注意力集中在問出對方有什麼困擾的事情上。

假如你難以直接詢問，就閱讀對方發布在社群網站上的文章等，並嘗試建立假設。

「這個人想要做什麼事情呢？」

「這個人有什麼煩惱呢？」

接下來，只要你試著拋出假設，對方就會因為自己被關心而感動。

「這個人竟然如此關心我的事！」

「這個人想要支援我，好開心。」

當對方有這種感受時，就等於工作已經到手了。人類是一種感性的生物，想要和關心自己的人一起工作，是很理所當然的。

正因為我們沒有優勢，才應該擁有「無論客人有什麼煩惱，都能夠幫助對方」的柔軟性。

只要你柔軟應對，就會被對方所需要，一點一滴得到工作。各位鐵定會發現，**讓客人感到喜悅並被對方需要的難度，其實沒有想像中那麼高。**

統整

- **1.** 沒必要以成為專家為目標。
- **2.** 與其找出優勢，還不如尋找對方有什麼困擾。
- **3.** 什麼都能夠幫助的柔軟性很重要。

只要「零資金」，從今天就可以開始

在展開低調創業的初始階段，並不需要事業計畫。

所謂的事業計畫，意指具體呈現出事業的目的、數字目標、策略與戰術。一般來說，一到五年左右的行動計畫會以「事業計畫書」的形式明確呈現出來。

在創業時，有沒有事業計畫會成為一大問題。只要參加創業研討會，就會被告知「要制定事業計畫書」。「事業計畫書制定研討會」之類的活動，也經常有單位在舉辦。

沒有事業計畫就開始創業，往往會被認為是過於有勇無謀，在他人眼中看來，你就好像是在冬天穿著T恤和短褲去登山一般。

確實，事業計畫很重要。不過，所謂的事業計畫，是為了調度資金才需要的。在建立及擴張工廠或店面時，為了讓融資方認可「這樣一來，你要借錢也可以」，這是絕對必要的。

沒有人想借錢給不制定像樣的計畫，就說著「我想要開咖啡廳，請借我錢」之類的人。

這種人就算被說是在冬天穿著T恤和短褲去登山，我也能理解。

不過，**當你從小規模展開低調創業時，比起制定計畫，「總之就試著去做做看」的態度更重要。**

我有個非常重視的理念，那就是「**一切都要嘗試**」。

這個思維方式在低調創業時也很重要。一切都要嘗試，因此沒必要做到完美。

人生中最沒有生產力的無謂時間，就是「煩惱的時間」。如果有兩件想做的事情，總之就都先嘗試看看。如果想要改變人生，保有這個理念是很重要的。一切都要嘗試，因此只要做了之後再改善就行了。

我並不是要否定目標或計畫，而是在這種情況下講求目標和計畫，太小題大做了。**低調創業是從低調的「協助」開始，在協助時要一一制定計畫書，顯然太過頭了。**只要制定一份待辦事項清單就足夠了。

舉例來說，針對低調的「協助」制定事業計畫，就像是去附近的便利商店，卻穿了冬天登山用的重裝備一樣。既然只是去便利商店，穿得稍微清涼一些也沒什麼關係。就算出家門三步後覺得「有點冷，還是穿件外套吧」，到時候再折返就行了。

說到與事業計畫有關的經營理念、工作意義和使命這類的事，不去思考也可以。

尤其是年輕人，大部分都非常重視工作的意義和使命。就連我自己，也十分喜歡追求使命的工作方式。

然而，追求使命是很好，但別成為空有理論的人。被使命給束縛，總是想著「這項工作能完成使命，所以要做」、「這項工作違反使命，就不要做」等，使工作範圍變得狹隘，那就本末倒置了。

與其這樣，我建議各位遵從「這個工作好像很有趣！」「我想支援這個人！」這類直率的情感，多方體驗。

在體驗的過程中，或許你察覺到「我的使命就是這個！」的瞬間就會到來。

「去支援能夠有所共鳴的人。」
「去做自己覺得嘗試後會很開心的工作。」

硬要說的話，我覺得設定這種寬鬆的方向就很足夠了。

此外，**縱使沒有事業資金，你也能夠展開低調創業。**這一點實在很有魅力。

一般來說，若是想要開咖啡廳，就需要租店面、內部裝潢、準備備品、購買原物料等，要花非常多錢。若去專門學校學技術，也要繳學費。

根據不同情況，有時候會需要數千萬日圓這種等級的事業資金，更有不少人會借錢來開店。

相對於此，**低調創業只是靠自己能做到的事情去幫助想要支援的人，大多情況下沒有本錢也能做。**

只靠一支手機就要工作，還是有點困難，因此必須要有電腦，倘若家裡有電腦，直接使用就沒問題了。現在，我們只要在網路上搜尋「〇〇　做法」，事業就能夠成立。

既然是靠電腦和手機也能做的工作，就沒必要租事務所，我想這一點就不用多說了。無論是在家裡還是咖啡廳都好，請在喜歡的場所工作吧。

話說回來，在我向公司提出辭呈之後，到真正辭職為止，總共有四個月的時間。為什麼會是四個月這麼長的時間呢？原因在於我是想法很保守的人，既然要辭職，就想等領到紅利之後再走。

在那四個月，我一邊交接工作，一邊成立了一家公司。現在回想起來，這個故事實在很愚蠢，我深信要創業就一定得成立公司，完全不知道有以個人名義創業的「自雇人士」這個選項。

一般來說，如果要設立股份有限公司，至少要有大約二十萬日圓去處理公司章程認證和登記許可稅等。另一方面，只要向稅務局提出開業申請，就會被認可為自雇人士，**無須任何費用。因此，沒必要一開始就創立公司。**

統整

- **1.** 「一切都要嘗試」。首先試著去做，之後再改善就行了。
- **2.** 低調創業不需要事業計畫。
- **3.** 只要有電腦和手機就沒問題。

沒有傳達力和影響力也無所謂

若說不需要傳達力與影響力，可能會有人生氣地表示：「喂！還是要有一些傳達力比較好吧！」不過，就算你沒有，真的也無所謂。

有傳達力的人可以影響比較多的人。換句話說，這樣更容易讓他人購買商品和服務，因此，擁有傳達力絕對比較好。

我能理解這樣的理論。

近來，別說是想要創業的人了，就連一般商業人士也很強烈地認為「要擁有更強的傳達力」、「平常就要養成輸出的習慣」。

我想，有不少人每天都很勤奮地更新部落格或在臉書上張貼文章。當然，想要發布訊息時，有能夠發布的環境確實很棒，而發布訊息這件事情本身也很好。

然而，**為了網羅客人而發布，以及為了支援他人而發布，是完全不同的事。**

為了網羅客人而發布，是針對不特定多數人的一對多發布。為了讓他人知道自己或自己的商品、服務，又或是為了擁有許多追隨者而散布資訊，就是這種類型。

一般來說，講到「發布」，就是這種感覺。

我在各式各樣的場合下，都不斷被耳提面命說「發布資訊很重要」。因此，我下定決心「要寫部落格」，並將書中所學到的內容整理到部落格上，半年內撰寫了大約兩百篇文章。

然而，我並沒有從部落格獲得任何一名客戶。即便將所學的知識發布給不特定多數人，也無法抓住人心。

低調創業必須要「為了支援他人而發布」。為了支援他人而發布，就是針對特定人士的一對一發布。舉例來講，就是當成針對一個人寫情書那樣去發送訊息。就影響力的意義而言，這個效果很有限，也沒有傳播力，不過以低調創業來說，這是很重要的訊息發布。

只要仔細地針對自己知道的每一個人，發送像「我有這樣的資訊喔！」「請務必讓我幫助你！」這樣的訊息，就能促成工作。最重要的是，對方會很開心。或許一般大眾並不曉得，不過確實有人是像這樣在使用社群網站時刻意有所限制，才得以成功的。

切換輸出的視角也是一個方法。發布自己的資訊很重要，而發布想要支援的對象之資訊，是更了不起的資訊傳播。

要靠自己的話語讓他人行動，是很困難的，但若是把自己喜歡的人、想要支援的人所說的話整理好並散發出去，有時候會意外得到許多迴響。

找出他人隱藏的魅力並加以傳播，不僅會被當事人感謝，還能建立一起工作的關係。發布支援某人的貼文可以鍛鍊傳達力，最重要的是還會被想要支援的人感謝，簡直是一石二鳥。

統整

- **1.** 針對向想要支援的人逐一發布訊息，就能促成工作。
- **2.** 低調創業不需要「影響力」。
- **3.** 就支援他人的意義上，磨練「傳達力」很重要。

比投資、聯盟行銷更輕鬆

在上班的情況下經營副業，有聯盟行銷、外匯投資、轉售等方法。

只要稍微搜尋一下，就可以找到許多「靠聯盟行銷經營副業」、「脫離受薪階級成為外匯操盤手」、「靠轉售月收○○萬日圓」之類的文章。

聯盟行銷、投資、轉售的共通點，在於一個人就可以處理完畢。不會被他人干涉、不必出門就能解決、不費心力也能賺錢等，這些優點都很誘人，不過，我卻沒有想要參與。

我想問：「一個人做這些事，真的能夠有所發展和成長嗎？」

培育出超過一千名「幸福經營者」的中井塾負責人中井隆榮先生，曾經教過我一句話：「受他人喜愛的人，也會受金錢喜愛。」

因為幫了某人的忙而讓他人喜悅，就結果而言，才能得到感謝的報酬。此外，也能與相關的人們一同成長。這只是我個人工作上的價值觀，不過對我來說，和某人一同工作且成長豐碩，是非常重要的。

請想想五年後和十年後的光景。**與只有一個人在房間裡面對電腦相比，和他人一起工作，比較能輕鬆掌握在緊急情況下可以委託的人際關係，不是嗎？**

正因如此，我希望大家別想著要一個人完成工作，而是走出外頭，就算只有一步也好。

……雖然我說得很裝模作樣，不過，事實上，或許我只是沒有能夠一個人持續做下去的意志力。

如果我有每天持之以恆地寫文章、看轉售網站並反覆交易的意志力，確實有可能賺到錢。不過，我要是不和誰在一起，就做不到。

低調創業是在接受夥伴的委託後，工作才會開始進行，並靠著「在約定好的日期之前一定要把東西交出去」的強制力在運作，沒辦法因為「太麻煩了，就蹺班吧！」「果然還是做得很膩，就中途放棄吧！」等原因，隨自己方便就好。

有很多人像我一樣，對自己的事情很容易想要偷懶，不過只要和他人約定好交期，就會努力。我極度不希望造成他人的麻煩。**從負面來看，這代表「意志力薄弱」，不過我會用正面的想法將之當成是「只要為了他人，我就能夠努力」。**

「一個人做，能夠早點執行；和大家一起做，能夠走得更遠。」

我很喜歡這句由擔任顧問且身兼 Team No.1 主辦人遠藤晃老師所說的話。或許需要花時間，不過和大家一起做，身為一個人，就能夠大幅成長。我是如此相信的。

統整

- **1.** 一個人就能處理的副業，需要強大的意志力。
- **2.** 即便意志力薄弱，只要是為了某個人，就能夠努力。
- **3.** 和大家一起做，能夠走得更遠。

處於「被動立場」會更順利

我想，應該有許多上班族曾經被上司交代麻煩的工作，或是得處理不熟悉的工作。

事實上，這種處理難題的經驗很重要。原因在於，低調創業的客人確實會委託各式各樣的工作。**唯一和公司不同的地方是，只要你稍微低調地「協助」一下，對方就會非常開心。**

在公司裡，即便你處理完上司委託的輸入數據工作，或是比平常提早三十分鐘完成，也不會特別被誇獎。不過，以低調創業的情況來說，只要做這些工作，你就會被感謝，而自己也會因為對方的謝意而感動不已。

總而言之，比起帶動大家的能力，更重要的是「被帶動」和「被指使」的能力。

我不過是照著對方所要求的那樣去協助，等注意到時就已經賺到錢了，收入逐漸增加，創業成功。

以正面的意義來說，就是處於被動立場。接受客人胡來的要求，想辦法解決，在不知不覺間，你就會學習到很多技能。只要學到技能，就算其他人又有胡來的要求，你也能夠辦得到。隨著靠經驗值去克服、去委託他人，你身上被激發出來的才能也增加了，你能夠處理的範圍也會變得更廣。

如此一來，你會更加受到信賴，得到更大的工作……就這樣進入一個良性循環。你可以賺到錢，同時自我成長。

就近觀察那些靠特別技能或優勢而成功的創業家，也是很寶貴的經驗。學習那些人的觀點，會成為你未來仿效的典範。當你在某天找到了真正想做的事時，所有的經驗和技巧都會派上用場。**無論將來你選擇哪一條路，是繼續以上班族的身分工作，還是辭職後自己工作，隨時保有能夠選擇的力量，都是最安全牌的做法。**

就讓我們著手低調創業，掌握不依賴公司的生存方式吧！

統整

- **1.** 在公司內部處理難題的經驗，將會派上用場。
- **2.** 發揮被帶動的能力，你就能成長。
- **3.** 低調創業會讓你的技巧和收入都向上提升。

專欄1 沒有從公司辭職的風險，收入急速上升

石原愛子小姐（女性，三十多歲，系統工程師）

「我不想要冒離職的風險，又想要增加一點收入。」因為有了這樣的想法，我開始低調創業。現在，我仍在大型資訊科技企業上班，兩面兼顧。

我一開始會對副業產生興趣，是在生完第一胎放產假時。我的時間很充裕，也靠轉售等一點一點賺取了收入，不過，我覺得一個人工作很孤單，於是有了「想早點到外面工作」、「想和公司有所連結」的想法。

於是，我在生完第二胎後的產假時，去聽了田中先生的講座。因為我想要兼顧公司的工作和副業，受到了田中先生**「全員獲勝」、「不是自己出頭，而是靠協助他人一**

點一滴增加收入」的想法所影響，心想靠自己的步調去做能夠做到的事情就行了。田中先生原本也是上班族，而且同樣是系統工程師出身，這一點讓我很有共鳴。

我自己一直以來都是系統工程師，從事著面對電腦的工作，強烈感受到這樣「或許能和他人連結」、「似乎能夠邂逅想法有趣的人」。

因為想要協助他人而聽了講座之後，我也有了實際安排自己的講座並獨自推廣的經驗。

我是一名很普通的上班族，也沒有關於商品的經驗。即便如此，田中先生依舊告訴我：「以他人來看，愛子小姐的生活方式真的很有魅力。」所以我才想先試著推出自己的商品。

我提供能夠實現工作、結婚、育兒、副業等所有想做之事的心靈系列講座。有兩位同年齡層的女性來聽講，這真的是很寶貴的體驗。

我活用了這些經驗，開始擔任一名負責人去推廣活動。為他人推廣一事，使我意識到「必須要好好做才行」，也強烈感受到和他人一起執行的樂趣所在。

在產假結束並復職後，我發現要一個人負責所有的推廣工作，實在有時間上的限制。

於是，我請求講座聽眾的協助，自己則專注於與銷售有關的工作和製作資料等，轉為承接案件計酬的工作。

現在，我回家後的二到四個小時都會處理低調創業的工作。如果週末有工作，有時候我會無法陪孩子們玩樂，也因為有丈夫的協助，我才能做到這些，所以我沒辦法一概而論地說：「絕對要創業比較好。」

不過，**我開始逐漸感受到低調創業會讓自己成長，也能建立和他人的連結，使我過著非常充實的每一天。**

現在，我靠低調創業，每個月能賺十萬到二十萬日圓左右的收入。對上班族來說，在兼顧本業的情況下，這個收入是既現實又理想的界線。

「不想要辭職，卻又想要有多方體驗，試試自己的實力。」我是因為這個動力才開始的，今後，我也沒有打算改變這種兼顧的模式。

從今往後，我也想要把在公司外的經驗和知識活用在本業上，靠相輔相成的效果加以成長。

統整

1. 對協助他人一事有所共鳴。
2. 也能轉為承接案件計酬的工作方式。
3. 能夠兼顧上班族的工作，確保一定的收入。

第2章

試試看「低調創業」

▼適合每個人的賺錢好點子▲

1 展開「低調創業」的方式

從現在開始，我會解說實際上執行過的「低調創業」實踐方式。低調創業的方法會根據每個人而有所不同，數量非常多。在這一章節，我會從每個普通公司職員平常都在做的事情，介紹到需要進階技巧的方法，範圍相當廣泛。**簡單來說，實踐方法會分成三種類型，就算只有其中一項，你也能夠馬上開始挑戰「低調創業」。**

「我究竟符合哪一項呢？」倘若是為此不安的人，先試著做左頁的「類型診斷」。但就算你去挑戰的項目並非診斷推薦的實踐方法也無妨，我已經體驗過所有的實踐方法了。不要斷然地想著只有一個方法，多方挑戰，你的市場價值就會逐漸提升。

只需十秒！ 光看就能找到適合自己的工作方式的

「低調創業」類型診斷

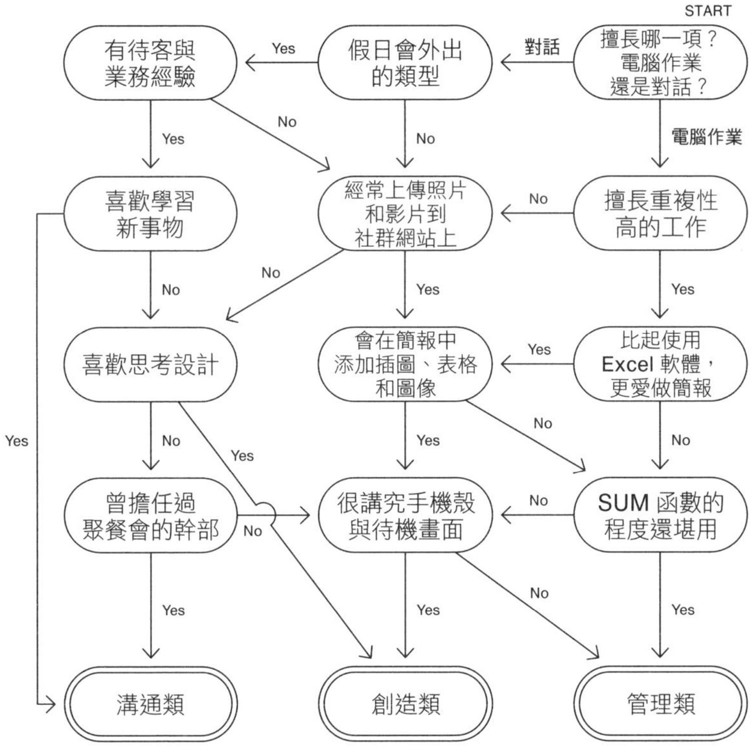

往 P.113

- ○ 電話接聽
- ○ LINE 回覆處理
- ○ 研討會調查
- ○ 經營研討會與活動
- ○ 祕書業務

往 P.099

- ○ 製作圖像
- ○ 製作簡報資料
- ○ 製作手機影片
- ○ 製作網頁與轉包
- ○ 代筆

往 P.092

- ○ 用 Excel 管理數字
- ○ 系統設定代理
- ○ 廣告代理

管理類

推薦給擅長數字管理和重複性高、需要耐性的工作的人。

為了管理「人員」和「金錢」的流向，大多是每天要定期報告數字的工作。

用 Excel 管理數字

〔難易度：★☆☆〕

這類是使用 Excel 軟體收集數據並管理的作業。

我本身最常做的，就是使用 Excel 軟體管理舉辦研討會時的參加者名單，以及銷售某個專案時的購買者付款管理等。

雖然我是用「Excel」這個常見的軟體名稱來說明，不過基本上我都是使用谷歌的「試算表」（Spreadsheet）表格計算軟體。總而言之，就是可以線上共享的 Excel。

〈用 Excel 管理數字〉

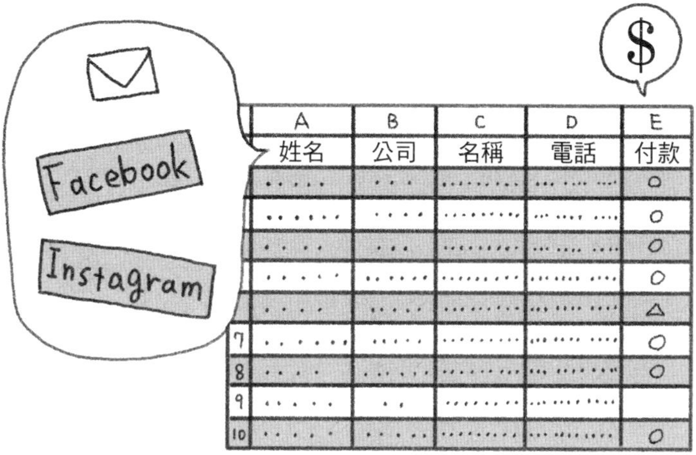

只要有 Google 帳號，每個人都能夠使用「試算表」，也不需要費用。此外，還有可以同時由多人編輯的優點。如果會用 Excel，應該也會「試算表」的基本操作才對。

例如，將研討會參加者的資料輸入到「試算表」中，接著確認參加費用的繳交狀況等，如果要追加資訊，還可以馬上共享現況。你光是將資訊製作成一般的表格，就會被大家感謝，假使你還會用簡單的函數，鐵定會讓大家覺得受寵若驚。

「只要使用函數，就不會有錯誤啦！」

我曾經在如此告知對方之後，被看成是拿出祕密道具的哆啦A夢呢（笑）。

對於「只是Excel軟體的話，我每天在公司都會用」的人來說，這些都是很簡單的作業。不過，我幾乎沒有只靠Excel軟體整理資料而賺到錢的經驗，原因在於以剛才提到的案例來說，就是「幫忙經營研討會」這項工作附帶「編輯Excel檔案資料」的情況。

換句話說，Excel資料很容易跟各種工作連結在一起，是基本中的基本協助吧。

報酬標準

製作參加者名單、製作接待表

▼時薪一千日圓左右

（編注：此項皆為日本行情價，僅供參考。）

統整

- **1.** 為管理顧客等必要資料的作業。
- **2.** 若能將函數運用自如，就如虎添翼了。
- **3.** 大多會隨著其他工作而來。

系統設定代理

〔難易度：★★☆〕

〈系統設定代理〉

許多經營事業的人都認可電子雜誌等工具的重要性，卻往往以忙碌為由而陷入難以著手的狀態。

只要花幾個小時查資料，應該就能夠做到，但說實在的，這很麻煩。

其中也有人在跟發布電子雜誌的系統簽約後就放置不管，也不曉得要怎麼發布訊息才好。

於是，我會請這些人告訴我要登

錄的資訊，代替對方設定系統並發布出去。

除了電子雜誌以外，我也會使用能夠免費製作網頁的工具等，製作簡單的頁面並更新。代理的工作其實很廣泛，有時候也會代為在社群網站和部落格上發文。

尤其是很不擅長使用電腦和相關設定的委託人，就特別會為此開心。

報酬標準

設置免費網站

▼一件一萬日圓左右

統整

- **1.** 有很多創業家討厭麻煩的設定作業。
- **2.** 擅長電腦作業的人就很容易執行。
- **3.** 也有代為經營社群網站與部落格等的工作。

廣告代理

〔難易度：★★★〉

〈廣告代理〉

這是為客戶在谷歌、雅虎（Yahoo!）和臉書等上刊登廣告的工作。

一講到廣告，大家或許會有所警戒，不過只要搜尋「Google 廣告　發布方式」，就能夠想辦法刊登廣告了。

此外，網路上還提供了谷歌的「Digital Workshop」等數位學習，能免費告訴我們數位行銷的基礎。

我很喜歡學習，所以自行研讀並取得

了刊登廣告的證照。

關於廣告代理，我都以「無法做到像專業人士那樣的等級，不過會以互相配合的方式不斷嘗試錯誤」的立場來執行。

能用低價協助數位行銷的人，對創業家而言是相當令人感激的存在。

這麼做能夠自我學習，而當將來你找到真正想要做的事情時，廣告的技巧也是事業上不可或缺的，這是我希望大家務必能挑戰的一項工作。

報酬標準

製作廣告用圖像 ▼ 一件五百日圓左右

創建廣告帳號 ▼ 一件兩千日圓左右

廣告應用 ▼ 按件計酬制

統整

- **1.** 素人也有可能刊登廣告。
- **2.** 也有利用免費數位學習的方法。
- **3.** 會成為有機會自我成長的工作。

創造類

推薦給擅長製作東西的人。

可以靠製作影片、圖像、投影片等公司會議資料的方式工作。

特徵在於隨著技能提升，單價也能夠提高。

製作圖像

〔難易度：★☆☆〕

除了把圖像使用在傳單上，還可以發布在臉書、刊載於網頁、放在研討會資料中等，用途廣泛。

雖然統稱為「製作圖像」，其實內容有非常多種類。

有像本業為設計師那樣，使用 Photoshop 一類的影像編輯軟體來製作，也可以像我

〈編輯圖像〉

一樣在 PowerPoint 或 Keynote 軟體上輸入文字並加工以提供圖像的等級。

當對方說「在製作傳單時希望有圖像」的情況下，用 PowerPoint 也可以做出有相當水準的成品。如果講求排版和設計品質，就利用眾包服務，以五千到兩萬日圓左右的報酬外包，從委託人手中賺取手續費來處理。

因此，對於平常在工作上都會製作簡報資料的人而言，即便不購買付費軟體或學習特別的技能，這項工作做起來都不會太困難。

報酬標準

製作圖標▼一張一千日圓左右

製作傳單▼一張三千日圓左右

統整

- **1.** 圖像的用途非常多樣，如傳單、臉書等。
- **2.** 用 PowerPoint 軟體來製作也可以。
- **3.** 還有運用眾包服務的方式。

製作簡報資料

（難易度：★☆☆）

〈製作簡報資料〉

在研討會的講師之中，也有不少人完全不使用投影片（倒不如說是不會用），只靠寫在白板上來說明。

不過，**光是製作說明用的資料，就能夠大幅提升研討會的水準。**

在此，我會向對方提議：「有投影片和概要說明會比較好喔！」並使用PowerPoint軟體來製作資料。

關於資料中的內容，我會以詢問本

人後所得到的資訊為主，再根據研討會的內容做統整。現在我認為自己已經很清楚要製作怎樣的資料才會成為熱門研討會，不過當時，我只是忠實地把研討會的流程製作成投影片罷了。

只要你會使用 PowerPoint 軟體製作資料的技巧，就有辦法處理，所以請到書店尋找使用 PowerPoint 軟體製作資料的教科書並好好研讀，就可以製作出有相當水準的資料。資料中大多會加入圖片，我想和前面提到的「製作圖像」作業一起應用會很好。

無論如何，PowerPoint 技能在製作傳單或手冊時也很有用處，精通此項是不會有損失的。

報酬標準

製作公司內部與外部的簡報資料 ▼一件一千日圓左右

製作創業家舉辦研討會時所使用的投影片 ▼一件三千日圓左右

統整

- **1.** 製作簡報資料的技巧會轉換成金錢。
- **2.** 可以跟製作圖像的工作一起應用。
- **3.** 只要查閱書籍和網路，設計性也會大幅提升。

製作手機影片

〔難易度：★★☆〕

這是使用手機來拍攝以網羅客人為目的的影片，並加以剪輯的作業。

倘若主題是店舖，就拍攝有店面氛圍的影片來介紹，若主題是講師業，就將研討會的內容統整成五分鐘左右的預告影片，諸如此類。

基本上，只要把影片刊登在網頁上，就會得到很大的迴響。據說一分鐘的影片資訊量，就相當於網頁的三千六百頁，隨著即將進入5G時代，對於影片的需求也會逐

〈製作手機影片〉

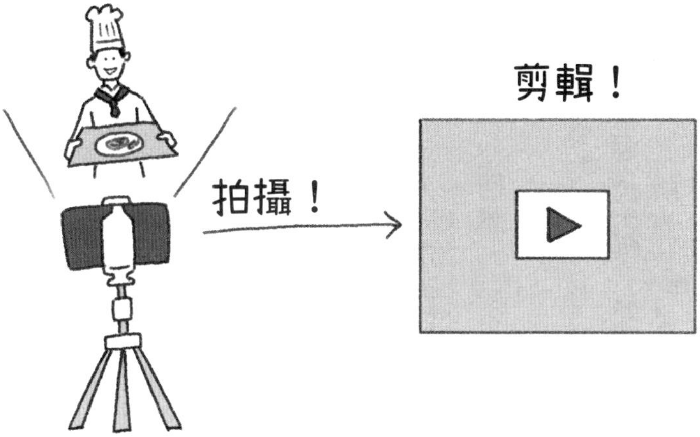

漸增加。

在往後的時代，藉由影片發布資訊將會變得不可或缺。即便如此，也有不少創業家會有「要剪輯影片還是有點……」的想法，因此這是低調創業者的大好機會。

「我有用手機拍過影片，但沒有剪輯過……」就算是這樣的人也不必擔心。以我的情況來說，我下載了名為「iMovie」的應用程式，會使用該應用程式來剪輯影片，有必要時也會上字幕等，並安排將影片上傳到 YouTube。

只要蒐尋「iMovie　剪輯方法」、「YouTube　影片　上傳方法」等，就能夠精通基本的操作方式了。

當然，我知道自己在拍攝影片的技術上還有許多待加強的地方。不過。在拍攝影片時，比起技術，決定「要拍攝什麼」更加重要。

換個比較不會讓人誤解的說法是，只要拍攝應該拍的內容並做出成品，就算在技術上是素人等級也沒問題。以不會製作影片的客戶之立場來看，也不會需要那麼專業的水準。

要拍攝什麼內容來剪輯才好呢？這一點就要與你所協助的人一邊溝通，一邊研究。倒不如說，用心溝通，才會得到更好的結果。

報酬標準

剪輯研討會影片▼一部一萬日圓左右
剪輯 YouTube 影片▼一部兩千日圓左右
製作結婚典禮用的圖像與音樂影片▼一部一萬日圓左右

統整

- **1.** 在往後的時代，影片將會是不可或缺的要素。
- **2.** 只要有初步的技巧就沒問題了。
- **3.** 最重要的是「要拍攝什麼」。

製作網頁與轉包

〔難易度：★★☆〕

關於網頁製作，這個世界上有相當多的專業人士。我自己一開始也不是很了解情況，所以會外包給這些專業人士。

不過在這段過程中，**我發現只要擁有某種程度的水準，就可以自己免費製作。**因

〈製作網頁〉

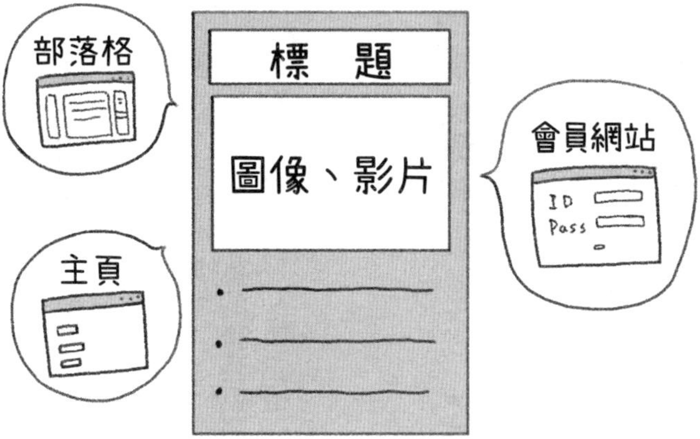

此，我改成由自己承包來製作。

使用名為「WordPress」的工具，便能夠免費製作網頁，也可以應付大多數的需求。

我當然知道自己現在做的是「製作不足稱道的網頁」。然而，即便是不足稱道的網頁，只要花兩萬到三萬日圓來製作，委託方就會很開心了。畢竟一般來說，如果外包給專業人士，就算被索取數十萬日圓的費用也不奇怪。要求「製作不足稱道的網頁」的人其實不少，因此請抱持著自信去挑戰吧。

倘若對方無論如何都要求專業網頁時，你就委託設計師製作，這叫做轉包。**在我實踐低調創業後才發現，客戶並不知道委託給專業人士的方法，因此，這項煩惱就會轉換成你的金錢。**

如果你認識的人裡沒有網頁設計師，只要使用眾包服務就能輕易找到了。以我的情況來說，我會接受使用三十萬日圓來製作網站的案子，並用十五萬日圓發包給設計師，像這樣去轉包，而十五萬日圓的差額就是自己的收入。用這樣的方式，就算是素人也能夠製作網頁。

報酬標準

以免費軟體自行製作網頁▼一件數萬日圓左右
轉包給專業設計師製作網頁▼一件數十萬日圓左右
建立會員網站▼一件數萬日圓左右

統整

1. 以免費軟體自行製作的水準，就會讓對方很開心。
2. 刻意要求便宜網頁的人反而比較多。
3. 也有轉包給專業設計師的工作。

代筆

〔難易度：★★★〕

這類是代替創業家或研討會講師撰寫部落格、臉書、推特（Twitter）、電子雜誌、研討會招攬文章的工作。

由於透過文章發布資訊的機會是無止盡的，相較來說比較有工作機會，也是很容

〈代筆〉

易持續接到案件的工作。

雖然說是撰文，內容種類也相當繁多。有時會寫一般的「通知」或「告知」，有時則是將創業家的想法寫成文章。那種會對商品的販售與採用直接帶來影響的撰文案件，單價通常比較高。

至於要怎麼寫出文章，大家應該能想出各種不同的方法。

舉例來說，就像寫下影片的內容並整理成電子雜誌的形式，或是請創業家說故事，再將錄音檔整理成文章等。

現在大多數人平常就會在社群網站等寫文章，應該不會對寫文章這件事感到太過排斥才對。

這不需要特別的寫作能力。只要注意「盡量用淺顯易懂的詞句」、「簡短的文章」、「主語與述語要對應」，就能寫出像樣的文章了。

報酬標準

將影片的內容寫下來整理成電子雜誌的形式▼一字兩日圓左右

部落格文章代筆▼一件兩千日圓左右

販售用網頁文章代筆▼一件十萬日圓左右

統整

- **1.** 平常就有機會透過文章來協助發布訊息。
- **2.** 要寫的文章種類相當多樣。
- **3.** 只要注意基本的寫作方式，就能寫出備受喜愛的文章。

溝通類

推薦給擅長與人談話的人。

大多是能夠直接運用接待與銷售經驗的工作。有時會前往會場，在現場幫忙，因此特徵是容易與業主建立更深層的信賴關係。

電話接聽

〔難易度：★☆☆〕

替案主接聽電話，這是因為「沒有聘請祕書代辦服務的預算，但又沒辦法接聽所有的電話」、「只有在特定活動時希望有人可以接聽電話」等需求，才產生的工作。

除了接聽電話以外，若承接一些瑣碎的工作，打造案主可以集中於本業的環境，對方就會非常開心。

〈電話接聽〉

在我常做的案件中，就有在募集研討會的參加者之後，於活動開始前提醒參加者與會，或是聯絡還沒匯款的參加者，請對方匯款等。

最讓業主感到開心的，是緊急時刻的電話接聽。

只要舉辦研討會，一定會發生緊急事件。

「我現在正要去會場，但是我迷路了，可以告訴我要怎麼走（可以來接我嗎）？」

「我突然不能參加了，該怎麼辦才好呢？」

研討會講師本人不可能一一回覆這種電話。假如是一個人舉辦活動，更需要有其他人在緊急的時候幫忙處理。

此時，我會提議「我會辦一個電話號碼，緊急時的應對請交給我處理吧！」等，來承接工作。

不過，準確一點來說，比起被委託「在研討會當天接聽電話」，大多數案件都是因經營研討會與活動才跟著產生的。

報酬標準

接聽顧客的電話 ▼時薪一千日圓左右

用英文接聽電話或處理電子郵件 ▼一件一千日圓左右

接聽創業家的總機電話 ▼時薪一千日圓左右

統整

- **1.** 案子大多出現在舉辦活動等。
- **2.** 緊急時刻的電話對應是很寶貴的。
- **3.** 多半會與其他工作連帶相關。

✎ LINE 回覆處理

〔難易度：★☆☆〕

〈LINE 回覆〉

這是代為回覆 LINE 的工作。

LINE 之中有所謂商業取向的 LINE 帳號。由於能同時向用戶發送訊息，或是傳送 LINE 限定的折價券，像是餐飲店、美容院之類的店家比較會善用這項功能。

事實上，我們也會在餐飲店等地方的收銀機附近看到「我們開始使用 LINE 了」這類募集用戶登錄的通知。

LINE 具有能夠通知許多客人新訊息和相關消息的優點，但也有許多無法一一回覆個別對話等的案例。尤其是隨著用戶登錄人數增加到一百人、五百人、一千人，對店家與講師帶來的負擔就會日漸增加。

此時所產生的工作，就是回覆處理。

我也會代替業主回答顧客的問題，做回覆處理。至於無論如何都無法回答的問題，我就會表示：「我接收到了這樣的疑問，請幫助我！」直接詢問講師後再回應。

當然，除了代回訊息以外，也有從 LINE@ 的設定到發布資訊、代回訊息等，所有運用都以統包方式來承接的方法。

有很多人「雖然對 LINE@ 有興趣，卻遲遲無法出手」，**因此就算只是承接數家公司的 LINE@ 經營委託做為低調創業，也不失為穩固的收入。**協助發布資訊的經驗對提高自己的技巧也大有助益，因此我相當推薦。

報酬標準

代替創業家或法人所使用的 LINE 回覆訊息

▼時薪一千日圓左右

統整

- **1.** 餐飲店一類的店鋪需求很多。
- **2.** 也有用統包方式接案的模式。
- **3.** 能夠利用閒暇時間工作。

研討會調查

〔難易度：★☆☆〕

這是代替業主參加研討會後，將其內容製作成報告的工作。

近來，書籍的摘要網站開始備受矚目。所謂的摘要網站，意指介紹商業書籍或教養書的摘要，讓人可以在三分鐘左右了解一本書。既能夠掌握大部分的內容，如果有

〈研討會調查〉

喜歡的書，也可以透過網路書店下單購買。

研討會調查是在研討會上進行的，跟餐飲業的神秘客工作有點類似。

有不少人即使想參加研討會，卻苦於沒有時間而無法前往。對這些人來說，光是有人代為參加研討會並將內容整理成報告，就大有幫助了。

這個工作的有趣之處，在於一邊賺錢的同時還能自我學習。

只要經常將所學的內容輸出，知識

就會固定存在腦中。以研討會調查的情況來說，由於一定要寫報告，就能夠確實輸出，自己的學習效果也會顯著提升。

只要瀏覽臉書等，就會看見「我報名了研討會卻不能去，有誰能代替我參加並幫忙整理內容呢？」這類的發文。

對喜歡參加研討會且擅長整理報告的人來說，想必是相當適合的工作。

報酬標準

代為參加研討會

▼時薪一千日圓左右

統整

- **1.** 代為參加研討會，提出報告。
- **2.** 自己也能夠學習。
- **3.** 正在徵求的人相當多。

經營研討會與活動

〔難易度：★★☆〕

〈經營研討會與活動〉

這是協助經營研討會與活動的業務。

具體來說，大致從在網路上調查研討會場所並預約會場開始，到製作參加者名單、當天的受理、管理付款狀況、預約活動結束後的二次會店家、引導等，總之就是舉辦研討會或活動所伴隨的各種事項。

如果是在公司曾擔任過活動經營或是聚餐會幹部的人，大致在經驗上都已

經理解要做些什麼事情才對。

在舉辦這類活動的當天，要做的事情也會堆積如山。

譬如在研討會的過程中，假如會場感覺很悶熱，就要調降冷氣溫度之類的。注意這些細節也是很重要的工作。

聯絡當天沒有到會場的人、針對要參加二次會的人收取參加費用等，協助每一件事都非常關鍵。

就我的情況來說，一開始我是協助經營只有數名參加者的研討會，不過隨著講師越來越有名，最後我甚至要經營將近兩百人的研討會。基本作業的流程都一樣，而毫無差錯地經營過大型研討會的經驗，也使我充滿了自信。

報酬標準

研討會櫃檯▼時薪一千日圓左右

發送研討會的提醒信件▼時薪一千日圓左右

統整

● **1.** 研討會與活動會伴隨著大量的工作。

● **2.** 能發揮在公司擔任幹部的經驗。

● **3.** 成功舉辦大型活動會使自己產生自信。

祕書業務

〔難易度：★★☆〕

祕書業務指的是在經營者、創業者等人底下負責事務性作業的工作。近來，這種在家執行祕書工作的「居家祕書」逐漸增加，也有招募居家祕書的入口網站。

〈祕書業務〉

「平常都是我自己處理申請書與配送商品等事務性作業，但實在忙不過來」、「想要請人幫忙，但是請正式員工的難度太高了」的創業者，與「很難做全職工作，不過育兒在某種程度上也變輕鬆了，想要做時間上較有彈性的工作」、「想找一邊帶小孩也可以活躍的工作」等女性，其實非常多，因此居家祕書這種工作方式會逐漸增加，也是理所當然的。

低調創業的祕書業務，與這個居家祕書的工作方式幾乎相同。

祕書業務基本上不需要通勤，會以一天數小時為單位在家工作。具體的工作內容例如電話與郵件的應對、包裝商品與寄送、製作資料、製作申請書或收據、管理行程等。

也就是說，感覺就像承包了目前介紹過的所有作業。

以我個人的經驗來說，我曾在某家店鋪負責處理發送廣告單和感謝卡的作業。那家店的經營者忙於管理，打工的員工光是處理店面工作就不得閒了，沒有時間顧及發送東西給顧客的相關業務。在此，我就承接了用 Excel 軟體管理顧客的會員卡資訊，以及發送感謝卡、賀年卡與廣告單的工作。

有許多創業家都是「雖然收到了很多名片，但完全無法管理」的人，因此也會有管理名片資訊之類的需求。如果可以對感謝卡的文案與賀年卡的文章提出意見，將更容易得到工作。

不過，在處理個人資料上如果出現問題，將會受到法律的制裁，這一點還請多加注意。

報酬標準

當顧客沒有匯款時的電話應對▼時薪一千日圓左右

經營研討會時的收信、發信▼時薪一千日圓左右

預約懇親會的會場▼時薪一千日圓左右

製作經費精算表▼時薪一千日圓左右

把行程輸入到公司的日曆上▼時薪一千日圓左右

設定諮詢預約與受理系統▼時薪一千日圓左右

統整

- **1.** 居家祕書的工作方式正不斷增加。
- **2.** 祕書業務是整合了低調創業的工作方式。
- **3.** 社會人士的基本技能最能派上用場。

2 加快「低調創業」的速度

到目前為止，關於低調創業的工作，我分別介紹了「管理類」、「創造類」、「溝通類」這三種。

當然還有許多工作沒有記載在這本書裡，不過書裡的內容是以馬上就能開始執行的工作為主，希望各位務必要挑戰看看。

接下來，為了協助各位順利執行低調創業，我想要說明不可或缺的思考模式。

零碎的協助，能夠將生涯收入最大化

低調創業者的客戶，都是早已著手華麗創業且發展還算順利的人。換句話說，他們是在某種程度上確立了自己品牌的人。

這些人知道自己喜歡的事情及長處，了解「自己想要販售的商品」，具有號召力和些許謎樣的魅力，有著莫名的自信且精神強韌等，擁有許多優點。

不過，要說他們是不是萬事都很完美的人，其實完全不是這麼一回事。

他們最大的特徵，在於不擅長瑣碎的事情。說好聽一點是個性不拘小節，反過來說，就是不夠仔細謹慎。

再用稍微極端的說法，就某種意義上，他們是「無法在公司內正常工作的人」。

這些人即便想要經營公司，或是想進一步擴大自己的事業，也一定會遇到阻礙。

原因在於經營是由許多瑣碎的實務所支撐起來的。

請試想一下。

「確認戶頭的匯入款項」、「用電話應對顧客」、「製作會議資料」……如果沒有人負責這些瑣碎的工作，公司就無法運作。再說，實際上就是有許多創業家沒有餘力靠自己來做這些繁瑣的工作。

在此，就是實踐低調創業的我們該出場了。就算是還沒有確立自己品牌的人，也能透過協助他人來發揮力量，接到工作。

我來介紹一下自己經歷過的案例。

我早期協助過的創業家，是一名傳授自我啟發的心靈顧問，他是中國人。

對方充滿自信，對於拓展自己的品牌完全沒有任何疑慮，是我完全無法比擬的「超厲害人士」。

當時對方還沒有在事業上大獲成功。他也不管實務，做什麼事情都很耗費時間。我們在某個研討會上認識，我免費為對方製作網頁之後，就變成了對方無暇顧及的所有瑣碎工作都由我來幫忙的往來關係。

對方身為心靈顧問，那時的年收入大約為三百萬日圓左右。當時對方的地位絕對稱不上頂尖，我認為他不過是一名隨處可見的心靈顧問。

不過，這位人士對於完全賣不出去的商品，滿懷著「我的商品會在全日本大為風行！它就有這個價值！」的自信。對於自己那業績只有七萬日圓左右的學派，他竟然說著「絕對會有一個月一百萬日圓的商機」。

在我看來，實在滿懷疑問，想著：「咦？這是有什麼根據嗎？」

不過，他本人十分泰然地說：「田中先生，你就用影片做點什麼吧。我希望半年來協助我做各種工作的你，務必要幫我這個忙。」

就這樣，被老師硬丟了難題的我，姑且照著被吩咐的那樣付諸行動。但我沒有在商業上使用影片的經驗……總之，「一切都要嘗試」！

對方擁有出類拔萃的才能，尤其是賦予他人勇氣，或是當研討會的講師，在眾人面前談話等，這些普通人做不到的事。

另一方面，對方十分不擅長確認戶頭的匯入款項和管理申請書等，對於網路與資訊科技的操作也很頭痛。因此，這位人士不拿手的「事務」工作，都由我代為負責。

尤其是「事務」與「資訊科技」相關的後臺工作，都是我在處理的。我花了大約兩個月的時間拍攝影片並剪輯，把它後製為可供觀賞的作品。我還撰寫了招攬研討會聽眾用的推銷信件並對外公布，更發行電子雜誌等。就像這樣，我自己摸索過後，完成了對方所有不擅長的工作。

可能會有人覺得這樣做很辛苦，不過，只要我能確實去處理每一項工作，身為初

學者的我總會有辦法解決。

然而，對這名創業家而言，這些看來可能全都是「自己沒辦法做到的事」。在我的協助之下，對方能夠集中在本業上，後來，原本為一年三百萬日圓的事業，竟然創下了一個月四千萬日圓的業績紀錄。

可能是對方為我口耳相傳，對周遭的創業家說：「都是多虧了田中先生在工作上多方協助，我才能順利達成這項成就。」結果看到這項成就的人都說：「我也想要田中先生幫忙！」各項委託開始緊接而來。

統整

- **1.** 越有才能的創業家，大多都不擅長瑣碎的工作。
- **2.** 「幫忙對方做不到的事情」，是低調創業的基礎。
- **3.** 即使是艱難的作業，只要能確實去處理，就算是初學者也會有辦法解決。

3 與其自己尋找，這麼做更能發現自己真正擅長的事

隨著協助對象的不同，工作內容也各有不同。

例如，當業主不擅長資訊科技或事務工作時，就連整理「今天會有多少人參加研討會」都要花大量的時間。

我從製作參加者名單、製作並發布研討會的傳單、處理信用卡的結算手續、「感謝您的申請，我會傳送當天的詳細資訊給您」等事前聯絡，到研討會當天的接待等，總之，我負責承包所有瑣碎的工作。

像是管理網頁或寄送電子雜誌等，委託方本來要花大筆金錢請專門的業者處理，

不過在知道如果只是稍微更新或發布資訊，我也辦得到以後，就逐漸交給我負責了。

有一次，對方說：「田中先生，我想要更換部落格標題的設計，你會做嗎？」就委託給我，**但我缺乏專業知識，沒有能夠順利完成的自信，因此打算靠 CrowdWorks 這類的眾包服務，尋找能代替我完成這項工作的人。**刊登金額約一萬日圓，絕對比委託專門的業者便宜。

至於其他業主方面，還有一位時尚公司的老闆。當時我負責在這位老闆出席的會議上製作會議紀錄，也就是所謂的協助。這位老闆十分高興，漸漸地這個也要我幫忙、那個也要我幫忙，從打掃事務所開始，到幫忙面試人才、決定公司會計系統的規格，甚至是擔任雜誌的模特兒並參與攝影工作等，逐漸讓我負責各式各樣的工作。等我注意到時，已經變成每週都會去這家公司了。

各類型的公司都一定會有的發包案件，就是影片的拍攝與剪輯。

例如，餐飲店會將料理的畫面錄製成影片，刊登在網頁上招攬顧客。說到「拍攝影片」，可能會有人覺得需要動用專業的攝影師，規模龐大，不過我只是用手機拍攝後，單純地擷取一部分。至於影片的剪輯方法，我是靠 YouTube 搜尋的，還能夠用完全免費的應用程式來剪輯。雖然剛開始我確實處於摸索的狀態，不過交出成品後，業主非常高興。

倒不如說，比起委託專業人士，跟我商量還比較輕鬆且便宜，所以我便慢慢地接到許多這樣的工作。

「田中先生，有家公司提出了一項業務提案，問我要不要在網站上刊登影片，老實說你怎麼想？」

「如果是我的話，那個大概花五千日圓就可以做了……」

「什麼？五千！他們說大概要花十萬日圓左右，真的五千就能做好嗎？」

「嗯，可以完成！」

「那麼，就拜託你了！」

我經常像這樣承接工作。所以，就算沒有技術也可以接到工作。最重要的是，我自己就是證明。

光是承接瑣碎的協助業務，並在過程中頻繁地報告進展，業主就會經常感動地表示：「田中先生總是很努力」、「願意為了我們的公司著想」。**「報告、聯絡、商量」是我在當公司職員時視為理所當然的事情，而我發現，在低調創業中，這能夠發揮巨大的威力。**

如此這般，**透過低調創業，我時常會發現自己在公司工作時沒有察覺到的意外才**

能。因此，一邊協助他人，一邊賺錢的「低調創業」過程，會比笨拙地自我探索，得到更多的發現。

統整

- **1.** 低調創業的內容包山包海。
- **2.** 即使沒有過人的技能，也能接到工作。
- **3.** 一旦開始低調創業，就會發現自己的才能。

4 靠「三種神器」精通遠距工作

既然要低調創業，就要有無論在自家還是旅行地，隨時隨地都可以工作的方法。

當我靠低調創業協助他人時，既有需要面對面溝通的情況，也有完全靠網路就結束工作的情況。此時所需要的，就是可以加速網路作業的工具。

只要順利使用這三種工具，就能夠更有效率地實踐低調創業。

❶讓公司內外的溝通都變得神速的「雲端會議室」（Chatwork）

雲端會議室的功能相當充實，能使對話的商業流程變得更順暢，就好比聊天功能與檔案傳送功能等。其他還有職務管理功能等，是能讓本身業務更有效率的軟體。雖然有功能上的限制，不過還是可以免費使用到某種程度。

若是使用電子郵件，每次都要打招呼和署名，這樣拘謹的交流會使反應速度變慢。如果是使用LINE或臉書，又無法搜尋資料，還會變得公私不分。因此，手機和電腦都能使用的雲端會議室，是在和外部溝通時不可或缺的。

❷無論場所或裝置都能立刻對話的「Zoom」

「Zoom」是來自美國的網路會議工具。只要使用這個工具，就能像面對面一般進行溝通。

這可以使用在多人會議上，還能夠一邊展示簡報等資料，一邊對話。由於線路穩定，用起來就像真的在現場開會。再加上能夠錄下畫面，就不需要寫會議紀錄，錄下的影片能夠在會議結束後馬上跟參與者共享，非常便利。在使用上不必考慮對方的裝置是手機或電腦，輕輕鬆鬆就能展開會議。

❸「一秒」共享資訊的「谷歌試算表、文件和簡報」

這是谷歌提供的免費線上應用程式。**相似程度好比：文件（document）＝Word、試算表（Spreadsheet）＝Excel、簡報（Slides）＝PowerPoint**，雖然功能並非完全相同，不過都很注重淺顯易懂，可以簡單傳遞資訊，甚至還能多人同步更新，要管理履歷也很適合。

所有人能夠在線上同時更新資料，一邊進行會議，即使商業夥伴沒有Office系列的軟體，也可以確認數據，即時溝通。

就連在撰寫這本書時，我也運用了這三種神器。除了剛開始的幾次以外，我都沒有再與編輯小倉碧小姐會面，便完成了這本書。

減少過度客氣的郵件交流與彼此的移動時間等，就能將時間用在更需要創造力的工作上。

不只是低調創業，就算是你現在任職的公司也一樣，只要運用這三種神器，就能讓你的作業效率更上一層樓。我目前經營的公司裡，從沖繩到北海道算下來，以遠距方式工作的員工正在不斷增加。不僅如此，海外的業主也逐漸成長。

我們無論何時何地都能工作。正因為是這樣的時代，才要運用這「三種神器」精通遠距工作。

統整

- **1.** 善用這三種神器，無論何時何地都能工作。
- **2.** 不見面就無法完成的工作已經消失了。
- **3.** 能夠免費使用一些軟體的部分功能。

5「微小的工作」更能讓人成長茁壯

或許大家會覺得，每一項低調創業都只是承接一些報酬數千日圓，好像賺零用錢那樣的作業，**不過，從微小的工作開始累積，你就會逐漸受到信賴，被委託大型的工作。**從攬客、製作影片、顧客管理到販售都一手包辦，成為如同參謀的地位，我將這個立場稱為「負責人」。

大家可能會覺得「要當負責人的難度太高了」，不過，重要的是要期望對方的事業成功，並且不斷提出想法。換句話說，就想像成自己是從按部就班的協助者，成長為負責人的感覺。

人只要想著推銷自己，就容易停止思考，一旦變成要推銷他人的事業，則會意外地出現「那樣做不是比較好嗎？」「這樣做不是比較好嗎？」的想法。

只要實踐這些想法，你便能確實得到信賴，自然而然從低調創業變成真正的創業。千里之行始於一步，就讓我們腳踏實地成長吧。

至於報酬，一開始會從「時薪一千日圓」、「每件一千日圓」的等級起步，不過只要你最後成為負責人，就能靠「事成後報酬」賺到錢。

以我的情況來說，一開始是以一字一日圓的報酬撰寫部落格文章，而隨著經驗的累積，現在可以得到一頁數萬日圓為單位的報酬。當你統包承接銷售及推廣的工作時，也能夠將一部分的業績當作事成後報酬。

當然，越是跟業績有直接關聯的工作，就越能反映在自己的收入上。此外，只要你有拿出成果，其他公司和創業家都會接二連三來詢問。

如果能從時薪的工作方式中脫離，實踐可以獲取事成後報酬的工作模式，就會超越低調創業的水準，得以抬頭挺胸地自稱為創業家，要獨立創業或法人化也不再是夢。

我希望各位讀者能從這些微小的工作開始，務必以更上一層樓為目標。把低調創業孕育為真正的創業吧！

統整

1. 累積瑣碎的工作，就能成為負責人。
2. 把為了他人而想出的點子，與工作結合。
3. 實現能獲取事成後報酬的工作方式。

專欄 2 縱使沒有「擅長的事」，也能順利達成經濟獨立

大脇茂佐先生（男性，三十多歲，負責人）

我之前的工作是在人力派遣公司，負責事務性作業。公司本身很穩定，但我對創業有興趣，便收集了各種資訊。

我曾經上過其他創業補習班的課，可是我只有普通上班族的經驗，一直找不到什麼能成為生意的點子。此時，我得知田中先生的講座，就決定參加了。

我從田中先生口中，聽到了**「即便你沒有獨特的點子、沒有特殊的能力，也可以執行低調創業的工作方式。協助他人就會成為工作。」**這一席話。

原本我的個性就很擅長協助他人，也感覺到這麼做能夠活用身為上班族所培養的

經驗，便下定決心：「好，我就試試看！」

我本來從事業務工作，因為想要有創業的時間，才轉換為事務工作。大家對事務性工作的印象可能是準時下班，不過受到公司正處於成長期的影響，到頭來我每天都在加班。

在參加田中先生的講座之後，我想要更有效率地處理公司的工作及安排時間。我之所以改變想法，很大的原因在於我找到了該做的事情。

一開始，我平日用兩個小時，假日則是幾乎整天都在進行低調創業。我們是以兩到三人一組的模式來為創業家進行推廣，而我負責製作登陸頁面（landing page，編注：指所有用戶透過各種管道進入網站的第一個頁面）、發行電子雜誌和確認說明會的會場等。

實際開始執行之後，我發現親手完成各種事情的過程十分有趣，度過了非常充實的時光。各類創作者願意與缺乏經驗的我合作，讓我很高興，對方也都會用熱情的態度與我溝通，我才能夠想著「要更努力，拿出成果」，正面且努力地工作。

至今為止，我都是凡事沒有完美準備好就不採取行動的人。不過，現在我開始認為，只要有做到某種程度就能夠著手，之後再根據情況修正，把工作完成就行了。舉例來說，當出現了什麼預料之外的情況時，我也學會以「這次就照這樣試試看」的態度來積極處理的能力。

我嘗試低調創業一年後，不僅建立了自信，也開始有各式各樣的諮詢，便有了「想要將時間用在更有趣、更快樂的事情上」的想法，在二〇一九年毅然離職。我跟朋友一起創業，現在身為一名負責人，實踐田中先生所教導的行銷技巧。

「低調創業」的好處，在於即便沒有什麼特殊能力也可以做到。通常說到「創業」，人們往往會有單打獨鬥的印象，不過大家同心協力，在共享資訊的情況下拿出成果，也是其魅力所在。

當然，一開始不會所有事情都很順利，一切都要嘗試。在經歷過後，你就會知道自己有什麼不足之處，也會學到技能。在擔任上班族時所培養的能力，必定會派上用場，總之，先做做看是很重要的。

對於為了「想要做些什麼，但是對自己沒有自信，不知道該如何是好」而煩惱的人，我希望你們可以知道還有這種工作方式。

統整

1. 實際感受到身為上班族也能輕鬆著手。
2. 即使只是剛起步，也會被熱情對待。
3. 就算一開始不順利也沒關係。

第3章

如何遇見商業夥伴，找出你的「資產價值」

▼無論待在當前的公司還是辭職，都能「持續被他人指名」的關鍵▲

LEVEL 1

訂閱創業家、名人等的部落格與電子雜誌

網路上的連結會使你的年收入暴增

在第二章，我談到了低調創業是由低調的「協助」一起工作的夥伴而成立。此外，我也告訴各位，比起技能或實績，更重要的是商量的容易度，以及能否協助得無微不至。**越有行動力的人，越容易在低調創業中得到工作。**

不過，我這麼一說，或許會有人這麼想：

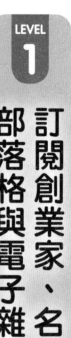

〈追蹤想要協助的人，掌握徵人資訊〉

「雖然知道協助他人能成為工作，但該怎麼做才能遇到需要協助的人呢？」

「如果那麼簡單就可以接觸到創業家或研討會講師這種厲害的人，就不用那麼辛苦啦！」

因此，在這一章中，我想介紹該如何與未來夥伴接觸的具體方法。

現今是人與人之間透過網路就可以輕易連結的時代。藉由臉書，與擁有相同興趣者的感情變得逐漸親密，是很理所當然的。

我所創立的社群，也有一些居住在郊外地區的人士參加，其中還有居住在澳洲、德國、美國等地的人士。只要使用之前所提到的網路會議軟體Zoom，隨時都可以輕鬆地和任何人溝通，很少會有因為郊外而不易交流，或是不方便工作等的狀況。

在當前的低調創業中，不與業主見面就能進行工作的案例非常多。大多情況下，都會由團體來負責一項專案，而在網路上溝通、共享資訊，就能夠促成許多工作。

光是參加網路社群，也可以與人接觸，得到工作機會。請捨去「無法建立密切的人際關係就得不到工作」的先入為主觀念。**微小的聯繫，會有巨大的成長。正因為是不起眼的工作，才能積極得到工作的委託，這也是其優點所在。**接下來，就慢慢地建立連結吧。

首先，我要介紹的建立聯繫的方法，是訂閱你想要協助的人的部落格與電子雜誌，或是追蹤他的推特、臉書等社群網站帳號。

「訂閱？這不是大家都在做的事情嗎？」你可能會這麼想，不過事實上，透過部落格或電子雜誌徵才的案件，比想像中還要多。**特別去關注其他人發布的資訊，就會得到各式各樣的機會。**

舉例來說，前面介紹過的代為參加研討會，將聽講後的內容摘要成報告的「研討會調查」工作，就是其中一種。只要仔細去看臉書等社群網站，就會發現「我已經付了參加研討會的費用，有沒有人能代替我去參加，聽講之後幫我將內容整理成報告呢？」這類的委託。

其他像是「募集活動志工」等，也是經常出現的案件。因為是志工，並不會直接獲得收入。不過，以志工的身分參加活動，就能夠以此為契機與想要協助的人會面。

你在做志工時，如果能夠有「散發閃耀光芒」的工作表現，就會有人持續找你攀談，而得到需要你提供協助的機會。此時，發展成低調創業的可能性就相當大了。

能和你平常就會看對方發布之資訊的人一起工作，是很快樂的，最重要的是還能有所成長。**其實，「比起要做什麼，跟誰一起工作」才是最要緊的**，請盡可能與「具有自我價值，朝著能選擇的未來前進」，而且比你優秀的人增加連結。如此一來，你在現在的公司以外，就會有一件做起來有趣又有價值的事，還能得到金錢上的報酬。

統整

- **1.** 運用網路會議軟體 Zoom，無論在哪裡都能工作。
- **2.** 參加網路上的社群，就能得到工作的機會。
- **3.** 比起要做什麼，跟誰一起工作更重要。

✎「越好的工作」，越會透過部落格或電子雜誌招募人才

在部落格或電子雜誌上，經常會出現募集工作夥伴的案件。有的是招募正職員工，但也有「時薪制」、「只有晚上幾個小時」、「只有星期六上班」、「特定據點的業務」等，這些上班族也能應付的工作。

據說在現今的行銷業界，使用推特來招募人才的情況相當熱烈。也就是說，很容易就能招募到年輕又優秀的人才。

像這樣藉由社群網站來招募的方式，比起過去透過 Mynavi 或 RECRUIT 等就業轉職網站來錄取人才，在成本上明顯比較低。而且，來應徵的人全都是「對這家公司或經營者、商品有興趣的人」，容易錄取到對事業內容有所理解，也有強烈動力的優秀人才，就是優勢所在。

就連我自己，也是透過公司的電子雜誌與商業夥伴相遇的。追蹤我的電子雜誌的人，當然相當了解我活用影片的行銷技巧。不只是工作內容，對方也很清楚知道我的想法。因此，在委託工作方面，我很輕易就能想像對方會怎麼處理業務，雙方都不容易出現「不應該是這樣才對」的意見相左情況。

或許有機會與你所憧憬、平常都有在閱讀對方的電子雜誌的人一起工作，所以務必要追蹤你喜歡的作者和知名人士的電子雜誌、社群網站。

統整

- **1.** 網路的連結與工作相關。
- **2.** 在部落格或電子雜誌、社群網站上招募人才的狀況，逐漸增加。
- **3.** 也有可能從志工發展成工作。

「回覆電子雜誌」、回應「讚數」少的貼文，留下好印象

即使對方沒有直接招募人才，也有方法讓你向經營者或知名人士自我推薦。**第一，是名為「回覆電子雜誌」的密技。**「咦？電子雜誌是可以回覆的嗎？」應該會有人驚訝地這麼想。畢竟，一般都會認為電子雜誌是單方面由發信方寄信給讀者的單向溝通管道。

事實上，用回覆電子雜誌的形式來回饋讀者感想的案例非常稀少。我自己也有發行電子雜誌，也曾接觸過各種人的電子雜誌，卻幾乎沒有收到回信的經驗。

反過來說，回覆電子雜誌會非常引人注目。電子雜誌並不像短訊或是 LINE 這種一瞬間就能寫好內容並輕易發送出去的，需要耗費時間與工夫，正因如此，如果可以得到讀者熱心的感想，發行者也會感到非常高興。

最讓人開心的並非單純的感想，而是「我實際上做了某件事，結果如何」這種實踐結果的報告。於是，作者就會因為「真的有人願意嘗試！」而感動不已。

這跟社群網站不同，由於不常有人回覆電子雜誌，如果要做出回饋，電子雜誌可說是一般人不知道的好選擇。

我在剛開始低調創業時，就經常回覆我有追蹤的電子雜誌。

例如，假使電子雜誌上有寫「請務必這麼做」的話，**我就會寫一封長文回覆，主旨為「昨天我馬上就在公司嘗試了，沒想到竟然產生如此驚人的變化。非常感謝」。**

由於我經常像這樣回覆電子雜誌，該雜誌的發行人便記住了我的名字。

在我參加該雜誌發行人的研討會時，向對方打招呼並表示：「我是有在回覆電子雜誌的田中！」對方便回應：「你就是田中先生啊！謝謝你一直回信。」我們馬上就變得親近，我已經有過好幾次這樣的經歷。

還有一次是我和對方沒有見過面，但該電子雜誌的發行人卻協助我，對外宣傳我正在募集參加者的活動。這讓我在工作上拿出了成果，也成為我日後得到更多不同工作委託的契機。

這位人士從以前就經常在電子雜誌上介紹我回覆的感想文。我想我是透過多次輸出而得到對方的信任吧！隨著我不斷提供這些價值，在我請對方幫我介紹後，馬上得到了「沒問題」的回應。

除了單純提供感想以外，寄送一些對方會想要在電子雜誌上提及的文章，也是一種價值提供。光是回覆電子雜誌就能接到工作，真的非常有趣。

此外，有些人經常會寄業務信件到各公司的電子郵件地址，不過我個人認為，回覆電子雜誌的效果要好多了。

當然，**不只是電子雜誌，我也推薦向你所留意的人和想要支援的人之部落格、推特，發文提供回饋。**在回饋時，就跟回覆電子雜誌一樣，要說出「我實際嘗試了你發文的內容後，出現了什麼結果」的前因後果。

有很多人會發送「真有趣」、「真棒」這類的回應，卻很少人會報告實踐的結果。光是報告結果，就會給對方留下印象。

你只要像這樣持續報告，就能在沒有跟對方見面的情況下，建立起信賴關係。

說到回覆推特或臉書的發文，競爭對手會比電子雜誌還要多。因此，我建議你「刻意選擇按讚數或回覆數少的貼文來回覆」。

即便是知名人士，也不是每次發文都有許多「讚」或留言。仔細一看，貼文當中有些迴響很大，但也有不太被分享的發文。

刻意鎖定這種迴響較少的發文，去回覆自己看了這篇文章後的想法，或是自己如何實踐。重點在於盡可能深入研究後再撰寫。

相較於單純的感想，報告自己親身的變化，還是比較有效果。原因在於，在社群網站或部落格上具有影響力的人，大多都會想著「希望讓更多人知道這是自己親身體驗後有效果的方法」、「想要讓更多人的人生好轉」。

如果他發文後，人們沒什麼反應，他就會陷入「奇怪？是我寫得太認真了嗎？」、「可能失言了」等等的反省模式。此時，**若他看到認真的回覆，便會鬆一口氣，當然也會對回文者的名字留下印象**，一口氣提升你被記住的機率。

在自己的動態時報上分享貼文也很不錯。無論是誰，發文被分享都會感到高興。

尤其是對於有加上「自己的話」並認真分享的人，更會留下印象。

如此這般，平常就分享自己感興趣的人的貼文，你的機會就會變多。

統整

- **1.** 回覆很少人回覆的「電子雜誌」，很容易留下印象。
- **2.** 回文時不是回覆感想，而是報告「實際嘗試後的變化」。
- **3.** 在社群網站上「按讚」數或是分享數很少的貼文底下回文。

LEVEL 2

善用眾包服務

「非面對面式」的工作占了九成

比起跟他人建立關係，**想要有效率地接到委託或是提升技能，註冊眾包服務也是一種方法。**

所謂眾包服務，是指透過網路將「想要委託工作的人」與「想工作的人」媒合，是接發案件的一種方式。

企業本來就會將一部分的業務，委託給外部的專門業者做「委外服務」，也就是「外

〈善用眾包服務〉

包」。

在委外服務時，委託方不會直接發案給業者，而是透過網路去尋找不特定多數人來委託。至於委託的方法，委託方會提出預算、完成日期等，廣泛招募接受條件的應徵者，也有從應徵工作的人裡選擇喜歡的提案後，再進行比稿等形式。

現在日本已經出現許多提供「眾包服務」的公司。**其中，具代表性的有 crowdworks、lancers、jobhub、**

coconala 等。這些服務公司，每天都會收發無數個小案件，從數百日圓到一千日圓、五千日圓、一萬日圓的等級都有。

我經常透過眾包服務，委託為影片上字幕的作業，以及製作圖像與圖標（logo）的工作。說個題外話，就連要把這本書的企畫書提供給出版社時，我也是用眾包服務去發包封面設計的工作。

只要接到委託的人有確實完成工作，委託方就會想要繼續委託他。事實上，透過眾包服務而獲得穩定收入的人，大多都確實掌握了回頭客。

「雖然對低調創業有興趣，但完全沒有頭緒」、「訂閱了喜歡的電子雜誌，卻完全沒能因此得到工作」的人，不妨試著註冊眾包服務。雖然註冊之後也不代表一定能接到工作，但如果看到有興趣的案件，就試著去應徵吧！畢竟「一切都要嘗試」。

眾包服務是由不認識的人來執行工作，無論是發案方或接案方都會有所不安。

因此，為了消除或減少雙方不安，這些服務公司導入了幾個方法。

第一個是「確認本人」的機制。雖然可以用暱稱或商號等來註冊服務，不過要是提出駕照或保險證等官方證明文件，經營服務的公司就會確認為本人。

這麼一來，簡介欄位上會顯示「已確認為本人」等，可以減少發案方的不安。

另一個機制是發案者與接案者互相評價。就像店家與顧客會互相在美食網站上評價一樣，以此評價為基準，就能在某種程度上判斷「能不能信任對方並發案、接案」了。

在註冊眾包服務之後，也有幾個讓自己容易接到工作的小巧思，而這與減少發案方的不安也有關係。

首先，**要充實簡介欄**。譬如，在臉書上有確實上傳照片與撰寫簡介的人，在發言時會讓人覺得有某種程度的信任感，反之亦然。其他人都沒有露面，就只有你露面，自然會比較有利。

在簡介欄中，通常會介紹過去的實績、證照、技能、擅長的領域和有興趣的事情。這些當然很重要，不過基本上看不出這個人對工作的態度或想法。因此，在撰寫時著眼於「想法」，也是一個方法。至少，我會想要跟願景明確、讓我想著「要幫助這個人」的人一起工作。

此外，**正因為是不會見面的交易，有時候稍微看一下郵件的文字等，就可以感受到對方的人品。**藉由細微的提案、事情進展的報告方式和用字的品味，就會產生「這個人很能幹」的印象。這個部分也要多加留意。

從小規模開始，讓「單價」最大化的技巧

透過眾包服務承接的工作，只要你能遵守約定，在與發案者決定好的交期內完成，

隨時隨地都可以執行。就時間上好配合的這層意義上來說，也很容易著手進行「低調創業」。

另一方面，人們經常提到的缺點有「單價偏低」、「量不大就賺不多」。

這些缺點的確是無法否認的事實。

在眾包服務的領域，再怎麼樣，單價都會比人品優先，也有許多工作會讓人感到「不划算」。

無論什麼工作，剛開始都是從專業性低的項目起步，因此，你會有這種感覺是很自然的。不過，隨著你有過幾次這類工作的經驗，一同工作的夥伴就會一點一點「儲蓄」對你的評價。

接著，**當評價提高，你的技能與工作品質也會隨比例上升，就結果來說，便能夠得到報酬好的工作。**

只是，從一剛開始就拘泥於要做報酬好的工作，是否有點自私呢？我的意思並不是「就算報酬低，你也要忍耐下去」，不過剛開始什麼事都要去經驗。

我最初也是透過免費製作影片與網頁，建立了一定程度的信賴關係後，才轉為對方願意付費的工作模式。因此，嘗試經歷低報酬的工作，也是有意義的。

只要建立信賴關係，就有可能談提高報酬。此外，雖然眾包服務禁止直接進行交易（違反的話可能會有罰則），然而，在不違反規則的情況下，並沒有禁止直接與發案方見面。個人之間的聯繫，也可能是某種機會。

當然，這其中也有「果然還是不划算的工作」，不過這些都會成為你日後的經驗，就以成長為優先吧。

眾包服務在獲得經驗與技能上，具有一定的價值，挑戰看看也不錯。只是，這和重視人與人交流的低調創業，確實有矛盾的部分。

因此，你可以**先決定好某個期限，再去思考前進到下一個階段。**比起以外包的方式承接工作，和團隊成員一邊嘗試錯誤，一邊工作，做起來會更有趣、更有價值。

最後，請以「直接與工作的發案者溝通，讓對方用人性和想法來選擇你」的這種工作方式為目標。

統整

- **1.** 世界上有很多與低調創業有關的工作。
- **2.** 在簡介欄下點工夫等，努力讓自己更容易得到工作，是很重要的。
- **3.** 即使報酬低，在本業以外得到收入的經驗，依舊很有價值。

LEVEL 3

註冊「自宅業務仲介服務」

「只有週末」、「只有晚上」等，能夠配合自己的時間工作

這是註冊在家工作業務仲介服務，以與公司和創業家直接簽訂契約為目標的方法。

真要說的話，這是更接近雇用的工作方式，感覺像是等級二的眾包服務與之後會提到的等級四中間。如果接近雇用，又是業務委託契約，即便現在你在其他公司擔任正式員工，也可以毫無顧慮地簽約。

假如是以未來的職涯發展來思考，我希望自宅業務助理可以成為你納入考量的工

〈註冊「在家工作業務仲介服務」〉

作方式。**由於這是藉由網路來提供價值的工作方式，就體驗低調創業的這層意義上來說，也很容易著手。**

其工作方式很靈活，可以選擇「只有週末」、「只有晚上」這種限定時間的工作方式。

這不會因為是上班族就不能註冊，在允許做副業的公司裡工作的人，透過這樣的服務一點一滴展開工作，也很不錯。在這之中，也有與數家公司簽訂契約並勤奮工作的人。

這項自宅業務助理的工作，不會像「負責某某、某某與某某的工作」這樣明確的工作內容，其中有能夠完全在家裡處理的，也有頻率不高，但還是需要出勤的。**重點在於，只要是協助經營者或創業家的工作，什麼都有可能發生。**

自宅業務的代表性服務之一，是有限公司自宅祕書研究室所提供的「自宅祕書服務」。一開始是以因生育、育兒、照護等理由，而難以從事全職工作的女性為對象，為她們創造能在家工作的機會，才展開這項服務。在註冊之後，你不只能夠得到徵求自宅祕書的公司或創業家的徵才資訊，該單位還會提供就業協助。我自己也透過這項服務錄用了數名自宅祕書，許多創業家的夥伴也都有在使用。

Shufu JOB part 也是類似的人力入口網站，可以從「地區」、「路線／車站」、「職種」、「詳細條件」等，來找到適合自己的徵才。「歡迎主婦（夫）」又不問男女，以彈性工作方式為目標的人，就會註冊。

即使是一般的轉職網站，近年來自宅業務的需求也逐漸上升。**不妨增加上班族以外的業務經驗，描繪一個使自己的市場價值最大化的職涯。**

比起金錢，應該選擇有所成長的職涯

從自宅業務應徵者的特性來看，大致上可以分為兩種類型。

第一種，是默默將被交辦的工作完美處理好的人。身為打零工的人，他們只要有確實做好時薪的工作並拿到報酬，就會感到滿足。

另一種是有成長力的人。這類人會積極提出「我也能夠做這種工作」，自行拓展工作領域。如果你想要採取低調創業，我希望你務必要以後者的工作方式為目標。請不要選擇只能拿到錢的工作。因為，具有未來發展性、能自我成長的工作，才能夠幫你打造出得以選擇的未來與職涯。

在創業第二年時，我採用的第一個自宅業務助理野川友美小姐，就是這種類型。一開始，我只把對方當成一般的自宅業務助理，想任用她做事務性的工作，而她本人也只是想利用空閒時間賺點錢就好。

令人感激的是，沒過多久，我的公司越來越忙碌，工作開始忙不過來。此時，我向對方提議：「你要不要試著製作網頁？」沒想到她發揮了超乎預期的出色能力，因此我就繼續請她做類似的工作。

有一次，我請對方去上廣告相關的研修課程。只要她學到知識，我就可以委託她做更多不同類型的工作了。

「這個妳也能做到嗎？」

「我想試試看！」

在這樣反覆交流的過程中，她在不知不覺間已經掌握了所有行銷的工作。到最後，她成長到能靠自己承接工作的程度，便自行創立了廣告代理公司。一開始，她只是時薪一千日圓的員工，獨立創業一年後竟成長到年收三千萬日圓，非常厲害。直到現在，我們都是以商業夥伴的身分一起工作。

即便是自宅業務助理這種工作方式，也可能靠一個行動拓展潛能。像野川小姐這樣有強烈動力與成長力的人，不僅報酬會提高，還能拓展工作的範圍，甚至得到獨立創業的機會。

如果用經營者的角度來看，無關乎正式員工或打工這種雇用形式，我們會想要把工作委託給做事能幹的人。現在，我也有聽說將兼職人員任命為董事長，或是把對方視為後繼者，將公司交給他的案例。

說到底，擔任活躍的經營者或創業家的祕書，幫忙處理工作的經驗，也可以培養你的商業眼光。藉由和創業家一起工作，你在執行工作的實際作業時，除了「身為實務負責人的視角」以外，也會開始擁有創業家的觀點。換句話說，**你在工作時就能夠用設定預算與長期的觀點，去考量那項工作的價值和未來發展等。**

為了打造個人未來的無形資產（信用等），這項能力十分重要。

因此，透過業務委託而工作的人，我建議要試著採取貪婪的態度。

統整

- **1.** 和直接簽定契約雇用的工作方式很相近。
- **2.** 從零開始也能大賺一筆。
- **3.** 就近觀察創業家工作的經驗也相當寶貴。

LEVEL 4

參加活動、研討會、線上聚會

「把喜歡的事當成事業」↓「協助喜歡的人的事業」

參加創業家經營的活動、研討會與線上聚會，是能直接與對方連結的方法。

我有好幾次針對在研討會或網路社群上認識的人，向對方提議「願不願意讓我用遠端的方式工作」，並實際得到工作的經驗。

一開始我會免費幫忙製作網頁等，沒多久就開始負責宣傳活動並獲得事成後報酬，這段經過就如我在第一章所說的那樣。

〈參加活動、研討會、線上聚會〉

倒不如說，這種連我自己也無法想像的變化，只會因現實中人與人的相遇而產生。

這是我參加某個研討會時發生的事情。那位老師在會場的白板上一邊寫字一邊說明時，出了一些狀況。

不知道為什麼，放在白板附近的竟然是油性筆，寫在白板上的文字沒辦法擦掉。對於這預料之外的事件，即便是老師也開始慌張了起來。

那時候我剛好坐在靠近出口的位置，便馬上離開會場，帶了去光水回來，並說：

「請使用這個。」把去光水交給老師。

白板上的文字總算擦掉了，問題解決了。

在大部分的參加者回去之後，留在現場的我雖然不是工作人員，還是主動去幫忙收拾。當時我只是因為覺得研討會的內容很棒，想跟老師說上一句話，想法非常單純。

於是，老師在看到我之後，向我搭話了。

「哎呀，剛剛真是謝謝你，幫了大忙。話說回來，你是從事什麼工作的呢？」

我闡述了自己創業後從事製作網頁等工作的事。如果這是漫畫，似乎會變成對方當場就說「那麼就麻煩你幫我製作網頁了！」的發展，不過現實並沒有那麼簡單。然而，老師因此記住了我，之後在活動上見到面時，就會來跟我說話了。

資產價值的長久「信用」，高過於眼前的「利益」

由於每次見面時，我們經常有說話的機會，我就盡可能推薦自己。「我想製作老師的網頁，不知您意下如何呢？」於是，老師就爽快地說「好啊」並答應了。當時願意給我工作的，是後來出版了《創業第一年的教科書》（起業1年目の教科書）系列，並創下銷售量超過十萬本的作者今井孝老師。我以小小的活動為契機，接到了和知名老師一起工作的委託。

其實在這個時候，我只承接過免費的網頁技術性委託。這是我在為事業奮戰的過程中，第一個收費委託。伴隨著快樂，顯著的實際成績也使我建立了些許自信，成為我深入執行低調創業的一個契機。此外，我沒有自己開過發票，處理得千辛萬苦，可能是因為太焦慮，在申請時不小心把申請金額多寫了一個位數。老師沒有因此生氣，只是笑著幫我改好，我能參與如此胸懷大志的老師的工作，真是一件非同小可的大事。

臉書與電子雜誌上，每天都會發布活動或研討會的資訊，**你必須提升對有趣的活動與研討會的偵測敏銳度，才是上策。**

我會配合自己的興趣或志向，參加一些以成為顧問為目標的社群，或是針對想要成為研討會講師的對象所舉辦的研討會等。

實際上，並沒有所謂「只要參加這個活動或研討會就能拿到工作」的法則存在。不是靠「能不能得到工作」來選擇，重要的是「想貢獻給這個人！想跟對方一起成長！」的想法。

經常有人會依照個人喜好，以每項作業為單位來判斷想做或不想做。結果，不少案例都無法長久持續。抱持著「只」做自己喜歡做的事這種價值觀，是不會成長的。

另一方面，透過「喜歡這個人」、「想要支援對方」的動機著手，就容易拿出成果。我們會想要讓喜歡的人高興，無論為他做什麼都會很開心，即使是對自己來說不擅長的事情，也能夠為了成長而賦予其意義。

最重要的想法是，**與其把喜歡的事當作事業，不如協助喜歡的人的事業。**

綜觀來聽我的講座的聽眾，那些發展順利的人都在協助價值觀相符的人。那些協助自己喜歡的人的聽眾，多半都能長期持續下去。

當然，即使以「喜歡這個人」、「想要支援他」的動機去參加研討會與活動，也不是那麼簡單就能得到協助講師或負責人的工作。

不過，這種研討會與活動裡，都集合了價值觀或志向相似的人。在參加者中，自然也會有許多創業家。從這些人裡找出你想要支援的人並協助他，也是一種方法。

然而，就算要協助參加者，也不是馬上就能建立從旁協助的關係。多見幾次面，逐漸得到對方的信賴，這樣比較實在。**這個世界上有所謂「回報性」的原理。雖然會有時間差異，但自己為他人做的事，總有一天會回到自己身上。**

這麼一想，相較於只有一次的研討會，那種連續舉辦的講座更容易帶來工作機會，尤其又以商業課程的可能性特別高。

參加這種專門講座的人，都有很高的意願去為學習「投資」。很多創業家都會積極投資能夠使個人事業進展更順利的選項，因此容易出現低調創業的工作機會。

雖說這樣很容易接到工作，但請各位不要只為了這個目的而去選擇商業課程。因為實際上是為了追求自我成長而參加商業課程，才會提升擴展緣分的可能性。

此外，參加商業課程需要投資相當龐大的金額。我不會隨便就推薦各位去參加，請務必審慎考慮。

話說回來，**參加活動與研討會時是有基本禮儀的。**

首先，別只想著要推銷自己。譬如，有些人會開始在社群中推銷自己的商品等，我並不推薦這麼做。

若你的言行舉止連旁觀者都能看出其中的經營目的，就很難得到夥伴。站在中長期的觀點來看，就結果而言，這麼做只有損失而已。你要成為被講師或該社群所喜愛的人。為此，你必須提供顯著的價值。這才是讓低調創業永久順利的祕訣。

那麼具體而言，要如何建立關係才好呢？關於建立能夠帶來工作機會的人際關係之「良性溝通」，我會於下一章詳細說明。

「因為在活動與研討會上得到了知識和資訊，為了報答，我想要盡可能對主辦人與相關人士提供貢獻。」

擁有這種「給予心態」的人，很容易找到夥伴，也會得到許多工作機會。若是抱持著「我都付錢了，就給我想想辦法啊！」這種坐享其成的思維的人，是不會得到信賴的。

我身為舉辦講座的一方，感受到那些為他人貢獻的參加者，有多麼讓人感激。那些說出建設性的發言，想讓場面熱絡起來的人，以及自行為我企畫學習會的人，不僅引人注目，也會讓人留下好印象，當我有什麼工作時就會想要委託對方。因此，如果你想要得到大好機會，持續向社群和參加者提供價值，是很重要的。

統整

- **1.** 與其把喜歡的事當成事業，不如支援喜歡的人。
- **2.** 在現實中多次見面，加強關係。
- **3.** 不是要推銷自己，而是持續提供價值。

專欄 3 就算「沒有想做的事」，也能成功

朝田哲朗先生（男性，三十多歲，創業家）

大學畢業後，我在生產電子用品的廠商就職，負責研究與開發。我的公司就是所謂的大型企業，我過著不必煩惱收入的生活，卻總是隱約想要挑戰新的事物。

話雖如此，我就算繼續待在這家公司工作，最多就是升到部長。一想到從知名大學研究所畢業的優秀人才正出人頭地，大學畢業後馬上就進入公司的我，前景已經很清楚了。然而，**沒有一份工作是我咬緊牙關也想要去做的。因此，我打算去尋找不同的路。**

不過，我身邊的「社長」都是年長者。即使他們對我說：「去做和大家反其道而

行的事。」我也不知道自己到底該做什麼好。我一直煩惱著自己沒有什麼像樣的商品。

我去聽了田中先生的講座之後，他表示：「要不要試著幫這個人的忙呢？」介紹了一位創業家給我，這是我展開低調創業的契機。

一開始，我和七十多歲的女性創業家一起工作。「我想賣自己公司的商品，但是對資訊科技很不熟悉，也不知道做法。」於是，對方讓我協助這件事。

我負責剪輯影片與代為設定電子雜誌的作業等。**對一般人來說，這是理所當然就能做到的事情，但我第一次知道，原來這個世界上就是有不會的人。**

在協助對方並收到金錢後，我實際感受到：「原來如此。只要我有一些比其他人還會做的事，就能得到收入。」在那之後，我體驗了拍攝與剪輯影片、撰寫電子雜誌的文章等，一連串的作業流程。過了一段時間後，我開始慢慢接到委託，副業領域成長到讓我忙不過來的程度。

我的基礎信念是「成為菁英的協助者」。因此，對方委託給我的工作，我都不會拒絕。直到現在，像是匯款管理這種瑣碎的工作，我也還在做。

低調創業的重點之一，在於不過度追求短期利益。比起眼前的利益，我更注重長期的關係與利益。

譬如，一開始我會做影片剪輯等各種協助，所收的金額是一萬日圓。我也沒有自己定價的經驗，只是剛好刊登的金額是一萬日圓而已。

一般來說這樣太過便宜，不過對創業初期的我而言，這確實是很好的學習機會。在這之後，我開始替某位暢銷作家推廣。第一次遇到這位暢銷作家，是對方以貴賓身分出席田中先生的講座。日後，我在對方的邀請之下，決定去聽他的講座，結果聽到講座費之後嚇了一跳，竟然要一百萬日圓。當時我幾乎沒有業績，也曾煩惱著：「去聽真的有意義嗎？」不過最後我還是下定決心去聽講了。

沒想到，從那以後我就與這位作家建立了關係，甚至開始以推廣的工作為主。即使短期看起來是扣分，只要結果有加分就好。

在聽了田中先生的講座後，我馬上就從公司離職並獨立創業，已經邁入第四年了。現在，我負責為各個業界的人們推廣。

不知不覺中，我已經在從事負責人的工作，直到現在，「協助他人不擅長的事」的這個立場也沒有改變。

透過田中先生的講座，我與各式各樣的創業家相遇，這成為了我的財產。在當上班族時，我只要做好交辦的事，就能過著一定水準的生活，不過所有的創業家都是自己思考後才採取行動。看到這樣的姿態，我認為能養成自己思考後才行動的習慣，真是太好了。

低調創業的優點，在於完全不需要嶄新的想法或證照等，這些被先入為主地認為「一定要有」的要素，單純只是尋找有煩惱的人，幫對方處理不擅長的事去賺取收入。

以展開創業的方法而言，這麼做的難度的確很低。

想要尋找有困難的人，積極外出是最好的。聚餐也好、研討會也罷，總之，受到邀請就去參加。只要在這些場合下，誠實回答被詢問到的問題，對方也會對你產生興趣，鐵定很容易就會說出「我想要拜託你」這句話。

統整

1. 只要做理所當然的事情，就能變成工作。
2. 不要執著於短期的利益。
3. 積極外出最好。

第4章

加深信賴關係的溝通神技

▼決定一生年收入的「信用」儲蓄方式▲

低調創業＝相遇的人數×信賴關係的深度×提案數量

在第三章，我說明了如何遇見能一同成長，同時收取其感謝報酬的未來工作夥伴。那麼，要怎麼應對相遇的對象，才能促成工作上的委託呢？在第四章將會介紹具體方法。

光是去參加活動與研討會，直接聽自己想要支援的人、喜歡的人說故事，視情況還能跟對方談話，就是一件非常開心的事情。你會不自覺地想著：「聽了好有趣的故事！」「度過了充實的時間！」往往當場就會感到滿足。**不過，你不能就此結束行動，**

我希望你可以花心思建立出能發展成工作的關係。

在此，我來介紹能帶來工作機會的關係之公式。只要把這個公式安裝在腦中，你就不會煩惱該如何發展成工作機會了，也會明確知道自己的弱點，了解自己究竟要改善什麼部分。公式如下，非常簡單，請務必記下來。

「低調創業＝相遇的人數×信賴關係的深度×提案數量」

沒錯，能不能促成工作，就是由以上三項要素相互決定的。按照這個公式採取行動，就能帶來工作機會。

無法促成工作的理由只有三個，那就是相遇的人數不夠、信賴關係不夠深、無法提出工作提案等其中一項。

在這三項原因之中，只要缺少一項，就很難讓可能幫助你實踐低調創業的夥伴委託工作給你了。反過來說，如果你能客觀地審視自己，掌握自己的弱點並逐漸改善，就可以確實為你帶來工作。

首先，運用第三章所介紹的方法增加「相遇人數」。實際參加活動，提起勇氣積極跟周遭的人對話，是非常重要的。

像是「你覺得這次的活動哪裡有趣呢？」之類的，以有關活動的提問做為切入點來建立連結，就會比較好聊了。

話雖如此，我似乎還是聽到「這樣太困難了」的聲音。我也不擅長積極對話，很能理解這種心情。我有好幾次去參加活動，卻不知道該做什麼才好，無法跟任何人說話，因此腋下冒汗，覺得很不自在，在活動中途就回家的經驗。

就算是這樣也沒關係。**因為怕生而難以跟別人攀談的人，就試著去參加「一定會與周遭人溝通的活動」**。以有安排分組討論或作業的活動為目標，如果是這類活動，你就能自然而然地掌握對話的契機。

由於我也很怕生，就會特意選擇參加這種研究會或有對話機會的活動。如此一來，相遇的人數自然會逐漸增加。

統整

- **1.** 以建立關係的公式為基準來採取行動。
- **2.** 透過公式掌握自己的弱點並加以改善。
- **3.** 參加半強制性建立關係的活動。

讓任何人都「想要再跟你見面」的小技巧

雖然要增加相遇的人數，但只有交換名片這種關係淺薄的人變多，也沒有任何意義。在此之前，你必須要建立信賴關係，掌握對方的需求，進而促成工作提案。當然，一般來說不會馬上「跟剛認識的人意氣相投」。兩次、三次……在持續見面的過程中，就會逐漸加深關係。接下來，我就要傳授如何才能做到這一項的技巧。

這個技巧是實在不擅長與初次見面者溝通的我，所磨練出來的。

所謂的信賴關係，是由兩項要素構築而成的。直截了當來說，就是：

信賴關係＝接觸頻率×共享資訊

基本上，人與人之間在有了數次交流後，就會感到安心，這被稱為「單純曝光效應」。果然，比起只有見一次面，當接觸次數變多，就更容易建立關係。然而，光是「見過面」，就只是單純認識而已。沒有把自己的身分傳達給對方，雙方也不會擁有「對方有什麼想法？」「對方重視什麼？」「對方現在需要什麼？」等資訊。

尤其低調創業又是支援解決對方的煩惱之事業，如果你不知道對方的資訊，就無法推薦提案了。為了提供對方感興趣的方案，一邊增加與對方交流的次數，一邊尋找共享資訊的機會，是非常重要的。

加深信賴關係的方法中，最強而有力的是「增加在現實生活中見面的次數」。

而且，在現實場合中同時碰面的人數越少，越能進行深度的溝通。

隨著「交流會⇩茶會⇩飯局」的流程，參與交流的人數會逐漸減少，彼此間的親密度就會提升。當然，邀約的難度也會變高。在此，大家可能會心想：「由我來邀請，難度太高了。」不過，請你反過來站在對方的立場思考看看。「某某先生的想法讓我十分感動！您能否再空出時間給我呢？」如果你被這樣熱情邀約，會怎麼想呢？不會感到不舒服吧？只要被他人邀請，每個人都會出乎意料地感到開心。

另外，也有直接邀請對方「一起去吃頓飯」的方法。我有好幾次透過臉書的訊息功能，發訊息給地位比我高的人，邀約一起去吃飯。這不僅限於研討會或活動的參加者，對待講師等級的人也一樣。

只要你明確地傳達「為什麼想聽對方說話」的原因，就能傳遞你的熱忱。

因為人們會被「為什麼」所驅使。內容只是「想見面」的訊息，鐵定會被忽略吧？沒有人有義務回覆這麼可疑的訊息。

不過，只要你確實傳達想見面的理由，收到正面回覆的可能性就會提高。那種無論是誰都能複製貼上的文章，是無法使人行動的。由於你沒有實力與實績，**在發送訊息時，採用「請讓我學習！」這種簡單的低姿態，讓對方願意採取指導你的立場，是一大重點。**比起抱持著奇怪的自尊心，用對等的立場與對方接觸，前述的做法絕對能夠讓你充分且安穩地將訊息傳達給對方。

在你們真的要直接見面之前，徹底調查有關對方的事情是很重要的。深讀對方的部落格或推特等，先了解對方的價值觀與興趣。如果你能夠發現對方與自己的共通點，那就太幸運了。例如，曾經參加過一樣的社團活動，或出身地很近之類的。要是有這些共通點，對方就會對你抱有親切感，之後也能順利地共享資訊。

有時，你直接傳訊息會被拒絕，或是對方不回覆你的訊息。不過，你對這種情況要事先設想好。要是用消極的方式去認定，心想「對方沒有回覆訊息，真討厭」等，人生是不會好轉的。能不能見面，有時是依對方或當時的信賴關係而定。對方並不是討厭你，而是沒有找到跟你在一起的理由，或是時機不對。

除了在現實世界見面以外，還有增加交流頻率的方法，那就是透過社群網站聯繫，去回文或傳送訊息。

在上一章也有提到，回覆喜歡的人的電子雜誌也不錯。但是別針對對方的發文或發布的資訊回覆「太棒了！」這種無傷大雅的內容，**請分享深入探討後覺得感激的重點，或是看到這個資訊後自我實踐的內容。這麼做的話，鐵定能建立起良好的關係。**

這就跟打拳擊一樣，你突然揮出右直拳是不會打中對方的，要等打出刺拳（編注：

以擊打頭、腹部為主的中遠距離拳法）並重擊對方的上體，持續接近後，打出右直拳才會命中。請持續接近自己想支援且感興趣的人吧。

統整

- **1.** 提高接觸頻率，建立信賴關係。
- **2.** 邀約用餐的原因很重要。
- **3.** 回覆社群網站或電子雜誌，也能建立關係。

光是「觀察他人」，就能加強提案能力

如果能與對方共享資訊，你就會了解對方的價值觀，覺得對方是讓自己有所共鳴的人，日後可以一起工作的可能性也會提高。

為此，對話就扮演了重要的角色，其目的有兩個，也就是讓彼此的關係變好以及讓自己研究思考。總之，要先留意打好關係。如果對方不打開心房，你就無法深入研究，而假如你不去研究，就無法促成之後的提案。

話雖如此，對話時必須要說些什麼才好呢？我想應該有人這麼想著。接下來，我將具體回答這個疑問。

首先，你要理解**「最重要的是提問能力」**。原因在於我們是協助者，也就是幕後角色。對方想要做什麼？想要怎樣發展？在進行工作上的提案時，要以掌握這些問題的方向性為前提，因此不需要由我們當主角進行對話。我們要徹底成為提問的一方，請對方讓我們學習，以建立關係。

我平常建立信賴關係時，在進入提問階段後，會留意的重點有三個。只要簡單地實踐，就能打造出對方不知不覺想要跟你說話的狀態，你也能因此提供對方需要的工作提案了。那就是：

用**「現在⇩過去⇩未來」**的時間軸，進行提問。

一旦做到這一點，你就可以在乍看只是開心談天的情況下，一邊收集必要的資訊，輕鬆促成下一次的機會或是進行提案。

這個流程十分簡單，不過詢問的順序非常重要。

首先，你要整理出有關現在的話題。如果沒有掌握對方是誰以及正在從事什麼工作，你就不會知道該如何發問才好。具體的提問是：

「您現在正在做什麼工作呢？」

在這之後，你只要深入探討對方感興趣的事物，就能成為話題的起點。

「現在」的下一步，是一邊詢問這個人的「過去」，一邊深入探究對方的根源。詢問對方如何走到現在的經歷也可以，甚至再回溯到更久以前，詢問對方在學生時期的回憶，氣氛就會意外地熱絡起來。

在這些對話之中，最能讓對方在與你對話時愉悅交談的問題如下：

「至今為止，您最辛苦的事情是什麼呢？」

請試著詢問對方有關辛苦經歷的話題、創業上的難處或是工作上慘摔一跤的經驗。曾經克服艱苦困難的人，一談到這個話題，馬上就會提起精神。

如果是男生，往往會想提當年勇。你就確實地點頭，一邊傾聽，一邊注意對方所重視的價值觀究竟為何。談過去的話題，其目的在於打好關係，而這件事情也會清楚反映出對方所具有的價值觀，因此要確實掌握住。

最後，請詢問「未來」的話題。創業家多半會對未來抱持著正面的願景，在談論著「我想要這麼做」的過程中，氣氛也會變得更正向。

為了問出這些資訊，具體的問題是：

「您今後想做什麼呢？」

藉由這個問題，對方可能會說出之後想要投入的事業或現在需要的資源。假使你收集越多關於未來的資訊，就會因為它和現在的差距，而看出什麼事項是只要你提供支援，對方就會覺得開心的。

這個「現狀與未來的差距」，正是對方面臨的課題。

只要你想出該課題的解決方法，並說：「我可以做到這件事情」、「如果有我可以幫忙的地方，即使只有一點點也好，請讓我協助吧！」進而提案就行了，非常簡單。

直率地表達「我認為你所期望的未來十分美好。請務必讓我支援！」的想法，是非常重要的。

「解決對方的課題」看似很了不起，但就算只是很瑣碎的協助也沒關係。你要去思考如何讓對方的人生變得更好，就算只有改善一毫米也好，像是：

「您有在舉辦研討會，想要針對這部分投入更多精力，對吧？那麼，參加者的管理等，您都是怎麼做的呢？」⇩「既然如此，就由我運用 Excel 軟體來管理吧。」

「您現在都用哪種工具招攬客人呢？」⇩「影片的推銷效果很好喔！我也會幫忙的，您要不要嘗試看看呢？」

整個流程就是，先詢問：「如果狀況是這樣，您不會覺得高興嗎？」接著再表示：

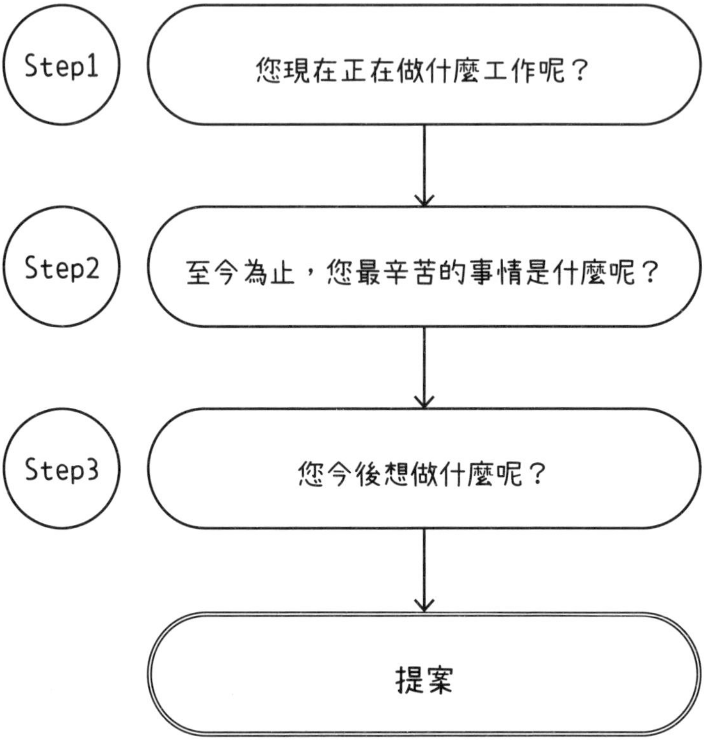
Step1
您現在正在做什麼工作呢？
Step2
至今為止，您最辛苦的事情是什麼呢？
Step3
您今後想做什麼呢？
提案

過去
現在
未來
STEP2
STEP1
STEP3
時間軸
?

「那麼，就讓我來做。」

就算只是觀察對方，我們也能提出某些提案。

以我的經歷，我曾在無意間看到對方的手機時，發現對方沒有下載任何應用程式，手機幾乎處於原廠設定的狀態。

接著，我在談話的過程中，得知對方從事時尚方面的工作，而訂單是用傳真的方式接單。

此外，社長的願景是離開第一線，進一步發展自己想做的事。

我心想，要是自己能幫上一點忙就好了，便向對方提議：「您知道嗎？可以用手機收傳真。即使沒有待在事務所確認訂單，也有方法可以用手機確認。」

結果社長竟然表示：「你真厲害耶！我想更詳細了解一下，你明天就來我家吧！」

我完全沒想到，在見到社長之前，我隨意瀏覽過手機應用程式下載排行榜的經驗，竟然會派上用場（笑）。後來，我開始協助對方，沒多久就受到對方的信賴，開始接到包月的委託。

如此這般，人們對自己不足的要素都不會有所自覺。就讓我們提出解決這些稍顯不足之處的提案吧。

統整

- **1.** 試著用「現在↓過去↓未來」的順序詢問。
- **2.** 總之，跟對方打好關係很重要。
- **3.** 問出對方面臨的課題，並提出解決方法。

靠「深入發問」掌握提案內容

用「現在、過去、未來」各個階段逐步發問，是關於時間軸的問題。

不過，要是你在問了第一個問題後，只是點頭說：「這樣啊！」這麼一來是無法建立信賴關係的，也無法充分做好必要的調查。**你要展現出更興致勃勃的傾聽態度，讓對方認為「喔！這傢伙很認真地聽我說話」是很重要的。**由於對方有了這樣的感受，就會變得更多話，也會敞開心房，願意告訴你一些必要的資訊。

我自己只要聽到越深入的話題內容，通常就會越想支援那個人。這跟工作無關，而是想到一同參與之後，會有怎麼樣的未來在等著我。我對這個人的想法有所觸動並產生共鳴，進而想要建立關係，想要支援對方。

那麼，該怎麼做才能使對方願意說更深入的事情呢？

在此，我們要透過**「深入發問」**。

舉例來說，只要你試著按照以下五個重點深入詢問，就能完全改變你所獲得的資訊品質。具體的提問範例如下：

①具體化：「具體來說是怎麼一回事呢？」

②數字化：「換算成數字的話，是怎麼樣呢？」

③最大難題：「在做這件事情時，你遇到最困擾的事是什麼？」

④故事：「關於〇〇的部分，我想要再問詳細一些。出現了怎樣的變化呢？」

⑤理由：「為什麼你想要做這件事情呢？」

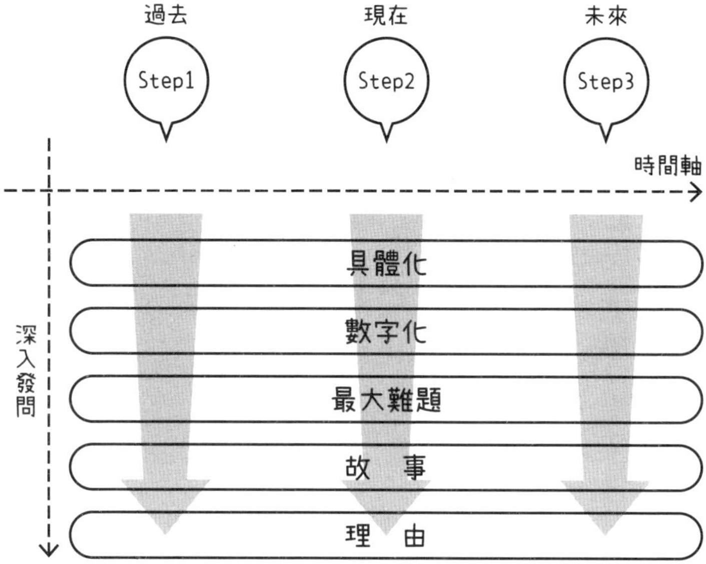

首先，我從概念開始解說。

人類被深入發問的機會，其實出乎意料地少。

除非是特別習慣去面對自己內心深處的人，不然是無法將其轉換成語言的。因此，我們越深入提問，對方就越能整理自己的思緒。

如果雙方處於能冷靜對話的狀態，你問得越多，對方會感到越愉快。對我們而言，既可以跟對方打好關係，又能確實掌握必要的資訊，是再好不過的。因此，你不妨以剛才提到的五個問題切入點做為參考，在打聽到各種資訊後，促成之後的工作機會。

在問了一個問題後，請慢慢深入挖掘，回到傾聽的一方。以溝通來說，這樣會比自己說話更容易。順帶一提，這五個切入點並沒有詢問的順序，所以請盡情活用。

只要我們在提問後提供價值，大部分的人都會回答問題。此時，你只要說一些關於自己的事情就行了。

靠「低調創業」餬口的我們，最重要的是提供價值，就積極地把價值提供給這些相關人士吧。

「話雖如此，我不擅言詞又很怕生，這感覺實在很困難……」或許，也會有這樣的人。

這些人的腦中可能對於提問這件事情本身有著負面的印象，不過，請各位這麼去想：**提問是在提供價值，因為對方會感到開心。**基本上，我們協助的人大多都很樂於闡述，因此，即使只是仔細聽他們說話，他們也會很高興。好好地與對方一起思考未來，進行提案，並藉此促成工作吧。

統整

- **1.** 若要具體引導出對方的資訊，可以使用「深入發問」。
- **2.** 用五個切入點深入挖掘話題，釐清對方的思緒。
- **3.** 提問會讓對方開心。

比起「金錢」，更應該買「經驗」

當你們已經通過了見面次數增加、信賴程度提升這兩個階段後，你可以試著積極向對方提出「我可以做到這樣的協助！」等提議。

假如你已經調查完成，那麼應該可以在第二章介紹的工作項目中，做出什麼貢獻。

提案的方法非常簡單，只要單純地說：「不嫌棄的話，要不要由我來幫忙協助某某事情呢？」

闡述時的重點有兩個。

第一個是「理由」。為什麼要闡述理由？因為只要你確實把理由告訴對方，對方很可能會產生興趣。

第二個是「SAWAZU」（譯注：さわやかにずーずーしい的簡稱）。「SAWAZU」意指「爽快卻厚臉皮」的態度。這是給予我出版這本書的契機的行動習慣專家佐藤傳老師，所教給我的技巧，而我一直都很重視這個思考方式。基本原則就是：直接傳達，不要拐彎抹角。

以遵守這兩個重點為前提，假如對方的反應不佳，就改變提案的內容、重新調查後再次提案。即便你是初次挑戰也沒關係，隨著提案數量增加，事情進展順利的可能性就會提升。

話雖如此，或許大家還是會不安地想著自己提案的內容是否真的對夥伴有所幫助。

因為許多人下意識裡有著「不可以給他人添麻煩」的束縛。

這是從父母那一輩傳承下來的，不過，你還是盡早捨去這種毫無意義的想法比較好。在往後的時代，用「一切都要嘗試」的想法去嘗試各種事物的人，才會獲勝。

也就是說，就算提案的內容跟結果不同，也完全沒問題。**比起「有沒有提出正確的提案」，「嘗試實踐提案」更重要。**

容易著眼於失誤的人，只會將焦點的箭頭方向朝向自己，也就是以自我為中心的思維。「別人會怎麼想自己？」像這種思維模式要慢慢改掉。

我們畢竟是人，當然會有想嘗試卻發展不太順利的事情。

不過，就算失敗一、兩次，只要長期下來能和對方共享一同成長的願景，就沒問題了。你就努力改善，一步步地向前邁進。

靠「低調創業」求生存的我們，並不是以「某某達人」的身分而受到期待。

最重要的是，你與委託方成為同心協力的夥伴關係，還有一起成長的心態。以下是讓我察覺到這件事有多麼重要的小故事。

在我剛取得谷歌廣告的證照時，曾經被某家餐飲店委託要幫忙刊登廣告。

然而，在開始執行後，卻沒有出現預期中的效果。我嘗試向客戶提出了各種建議去修正方向，但無論是哪個提議，都沒有得到滿意的成果。

我一共收了二十萬日圓左右的費用，最終結果卻沒能讓客戶獲利。以店家的角度來看，就是大虧錢。我對客戶感到非常抱歉，心情也非常低落。但是，我不能一直沮喪下去。要是這樣一直拖拖拉拉，只會擴大虧損而已。我決定先停止廣告，去向客戶道歉。

別說是沒有得到符合報酬的結果了，我甚至嚴重失敗到造成大虧損，我大致可以想像到對方會對我說些什麼。「是你說會有效果，我才請你投放廣告的，這不是完全不行嗎？你要怎麼賠償我啊！」就算被這樣怒斥，我也無話可說。

我臉色發白，用沉重的心情前往店裡。

結果，發生什麼事了呢？

客戶說：「這次的廣告沒有成效，真的很可惜，不過和田中先生一起工作了兩個月，我知道你是多麼真誠地為我的店著想。我能否再次用每個月三萬日圓向你諮詢呢？」

那個時候，我才察覺到自己只在意眼前的失敗。

正因為我急於想要拿出眼前的成果，才會不順利。

在那之前的我，只在乎對方是怎麼看我的。我的箭頭只有指向自己。對於如此渺小的自己，我感到很可恥。

事業的結果很重要，這不用多說。

不過，只要被對方「信賴」，結果就不是一切。

透過這個經驗，我學習到所謂的「信賴」是處理事情的態度，「自己究竟有多認真去面對這個案子？」這一點才會被對方評價。

我的存在、行動及本身，對對方而言已經成為有力的協助了。

從那天以後，我不再只看眼前的結果，而是開始用長期的觀點思考，願意去做任何為對方好的事情。這時我才了解到，「什麼是真正的換位思考」。

我想告訴大家的是，**「比起金錢，更應該買經驗」**。

如果想要馬上回收，你就會捨不得為對方貢獻，害怕失敗。倒不如說，要貢獻到太超過的程度才好。

「這個資訊就由我來整理。等我稍微調查之後會再跟您聯絡的。」

「我知道有誰可以做這個工作，我介紹給您！」

「如果是這樣的話不需要花錢，我來幫您做吧！」

以這樣的感覺，直言不諱地持續提供價值，那麼對方說出「我會付你錢，希望能和你一起工作」的瞬間，一定會在某個時間點到來。我已經有過好幾次這種經驗了。

在低調創業時，眼光要放遠，以增加「信賴餘額」為最優先。只要儲存了「信賴」，金錢必定會隨後跟上。

培養起來的信賴感轉變成具體工作的時間點，會因人而異。A先生可能是一年後，

B先生可能是三年後，出乎意料的是，C先生或許一個月後就委託工作給你了。

與五到十個人左右維持這樣的關係，就很足夠了。為了日後的某一天，一點一滴累積信賴餘額吧。與好幾名互相信賴的人長期交流，是低調創業的鐵則。

統整

- **1.** 不要害怕失敗，增加提案數量並付諸行動。
- **2.** 與其追求短期結果，要優先提供價值。
- **3.** 即使只有幾個人，若你持續提供價值，總有一天一定會有回報。

專欄4「低調創業」解決了退休後對金錢的不安

篠原由紀子小姐（女性，五十多歲，業務企畫）

有一次，我偶然在網路上看到了田中先生的創業方式，便產生興趣。雖然我對目前擔任事務工作的公司並沒有不滿，不過我覺得不依賴企業，憑自己的實力學習經濟獨立的技能，是很有魅力的。

尤其我已經超過五十五歲了，對於退休一事及之後的生活有很強烈的真實感。

看到周遭朋友的生活後，我也開始在想，五十幾歲的人大部分在養育子女上都告一段落了，這也是從以教養孩子為重心的生活，轉移到重新審視自己人生的時期。因此，我想很多人都在迷惘著：「我該怎麼做才好呢？」

我自己也已經結束養育子女的職責，在我思考要做些什麼時，發現為了將來的生活，我想要能夠在經濟上獨立的技能。

田中先生所提倡的方法，其實潛藏了各種環節與工作。對我而言，這些幾乎都是我沒有經驗過的事情，一樣一樣學習，實在很辛苦。

即便如此，由於他親自仔細地指導我，我總算跟上了腳步。我實際感受到，當時多方面的學習經驗和現在緊緊連結在一起。

尤其是市場行銷，如何打動人心並使其行動就是基礎所在。這也適用於一般公司的工作上，因此我開始會透過溝通，去思考如何讓周遭的人採取行動。

此外，我想其他的聽講者也都是這麼想的，最大的共鳴之處，果然在於「全員獲勝」、「不要只追求自己的利益，如果能幫上他人，就能自我實踐」。

現在，我一天會執行五到六個小時的低調創業。因為我是夜貓子，主要會利用回家後的時間。不過，有時我也會運用早晨和公司的午休時間等。工作本身很有趣，所以我完全不覺得辛苦。

再加上我從養育兒女的責任中解放了，得以只做最低限度的家事，而能隨心所欲地使用自己的時間。

說到具體的工作內容，就我的情況而言，我並不擅長銷售和拍攝影片的事，因此以製作網頁或是伴隨而來的製作圖像、撰寫文案等，**自己覺得「開心、喜歡」的事為中心來執行。不擅長的事情就請他人協助。**

其中，我最主要的工作是臉書的廣告運用。在這方面，需要自行斟酌的部分相對較多，只要想做就能做，正是魅力所在。

至於收入方面，較多的月份甚至能輕鬆超過本業的月薪，少的時候也有一個月數萬日圓，大概是這樣。

今後，我也打算兼顧上班族的工作並持續下去。「妳不辭職去獨立創業嗎？」田中先生曾經這麼問我，不過，基本上我還是以安穩為取向。

在公司的這段期間，我想繼續做一些穩定的工作，話雖如此，虛度時間又非常無趣，所以我才希望能一邊學習各種事物，使自己有所成長。

統整

1. 能夠學到不仰賴公司生存的技能。
2. 如何觸動人心並讓對方採取行動，是重點所在。
3. 以覺得「快樂、喜歡」的事為中心來執行。

第 5 章

如何打造「個人價值」，讓未來的職涯更自由

▼將在公司內培養的技巧，轉換為公司外的金錢▲

無法「為了自己」而努力的人，才能以最快的速度成長

在第四章，我講解了如何打造能得到大量工作的人際關係。

你只要活用至今為止的知識並實際嘗試看看，也可以踏出低調創業的第一步，構築「能貫徹一生的個人價值」，得以自由地選擇未來的職涯。

在最後一章，我會具體傳達往後要更進一步時不可或缺的思維方式。

低調創業的目標，其實並非低調創業。

當然，對於「靠公司以外的事業能每個月賺數萬日圓薪水就感到滿足」的人，我

沒有打算特意去教唆各位「要更勤奮地賺錢」、「絕對要獨立創業比較好」。

維持低調創業的形式並兼顧上班族的方式，也是一種職涯策略。

然而，就我來說，我會希望各位能描繪低調創業之後的未來。

低調創業只是「自己人生」的一個站點。低調創業和轉職、打工不同，潛藏著能夠大幅發展事業和收入的未來可能，這一部分是很有魅力的。

我將「支援喜歡的人」這種幕後人員的工作階段，大致分成三種。

第一階段是「協助者」。此時的工作方式會以各個課題為基準，去幫忙對方不擅長的作業。

本書所闡述的「低調創業」，幾乎都處於這個階段。有很多人靠本業以外的收入，每個月能賺進五萬到二十萬日圓。

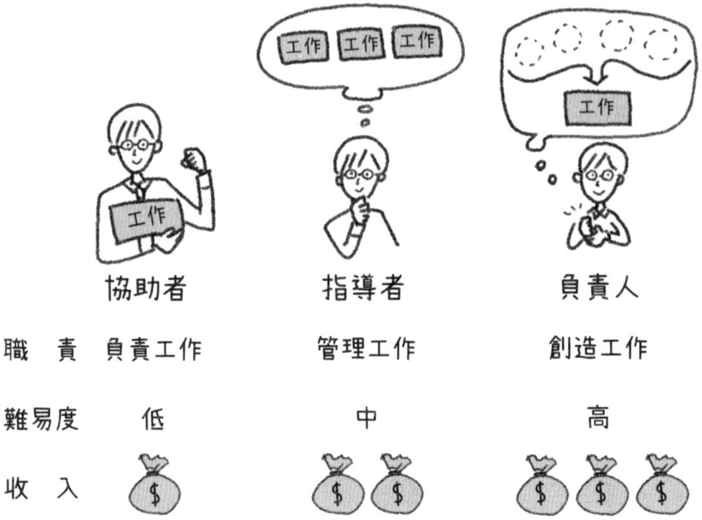

第二階段是「指導者」。你可以想像成，在協助一名創業家時，負責將所有產生的工作整合起來的感覺。

低調創業有時會由擅長不同技能的人組成一個團隊，一起協助一名創業家。在我所舉辦的講座聽眾中，也有一些人會分配職責，像是負責影片、負責網頁等，並做出成果。

指導者就像是主導這類團隊的存在，以收入來說，很多人都是每個月賺進十萬到五十萬日圓，不過這也只是基準而已。

接著，**第三個最終階段為「負責人」。除了統整作業以外，也會涉及業績、創立品牌等，是擔任創業家的左右手，大為活躍的工作方式。**當然，收入也會暴漲，一個月賺一百萬日圓、兩百萬日圓的人並不少見。

要從這個階段更進一步發展，還有一個選項，**那就是不僅止於「低調創業」，而是試著挑戰「華麗創業」。**

所謂「華麗創業」，意指靠自己的表達與故事來動員周遭的人，逐漸增加粉絲的事業經營方式。

我在展開低調創業後的三年來，完全沒有在網路上露面，而是擔任客戶的「幕後人員」工作著。我過著非常充實的日子。然而，有一天，我思考到希望能用自己的言語來推廣「低調創業」。我想要展現自己的生存方式與思維模式，增加對我的思維模式有所共鳴的夥伴。因此，我利用社群網站，將自己的經驗與技巧展現給大眾。

那時，由於我有透過低調創業所學到的商業經驗，再加上相關人士的介紹與支援，我的事業很快就上了軌道。

我建議大家先以一名上班族的身分，從大部分人都能勝任的協助業務開始著手，不過，我們無法預期自己未來的想法會有怎樣的改變。

如果能夠配合對方的期待去做各種挑戰，持續讓自己成長，就會有「能夠自由選擇的未來職涯」在等著你。

低調創業的這個模式，有著無限大的未來與成長性。

除了我在各章結尾的專欄中所介紹的，實際嘗試低調創業的案例以外，也有好幾個人從協助者起步，發展到指導者和負責人的階段。

其中，更有著手低調創業後，最初一個月的月收入只有一萬日圓，花了兩年卻創造出兩億日圓左右營收的猛將。

關於我直接闡述自己如何身為負責人去工作並大放異彩的「實踐講座」，自從開始舉辦以來，已經有超過三百人參加，讓聽講者的業績增加了超過三十億日圓。這麼自吹自擂真是不好意思，不過我想能夠得到成績如此有目共睹的創業講座，在日本是屈指可數的。

可以大大改變人生的潛力，就潛藏在這個名為「低調創業」的工作方式中。

在公司外，將於公司內培養的技能轉換成金錢。從小事情著手就能夠賺大錢，可以說是一生都能賺錢，是全世界最安全牌的工作方式了。

至今為止，我闡述了要將一生所能夠得到的收入最大化。不過，我真正想要傳達的並非只有「賺錢」，而是「自我成長」的重要性。因此，一個人埋頭經營副業，是不行的。

真正的「成長」，是要透過支援某個人的經驗才能夠得到。

低調創業的工作方式，適合難以「為了自己」而努力的，非常平凡的人。

人類的意志力是很薄弱的，假使打算一個人去做，很快就會偷懶。不過，如果有一起成長的夥伴存在，那就另當別論了。為了某人而努力，和同伴一起成長，有著能夠大幅拓展自己極限的效果。

因此，就結果來說，「支援喜歡的人」可以讓自己持續成長，最終得到顯著的成果。這不僅限於金錢，也與人際關係和精神面的充實感有關。

沒有人能夠一下子就有急遽的成長，只要在經歷小工作的過程中，一點一滴累積知識、技巧和人際關係就行了。

請務必以低調創業為契機，來讓自己成長。此外，我打從心底希望大家能藉由低調創業的經驗，走上理想的人生。

統整

- **1.** 僅止於低調創業，就太可惜了。
- **2.** 從協助者開始，也能夠成為負責人。
- **3.** 靠低調創業讓自己成長。

改變人生的魔法棒——「推廣能力」

為了擁有「個人價值」並且能夠選擇未來，我建議培養長期的「推廣能力」。所謂的「推廣能力」，意指能夠促使人們行動，創造出業績的技巧。只要有這個技巧，在你執行某項事業時，就能夠用更短的時間並以更高的機率獲得成功。

不過，原本就擁有這個「魔法棒」的上班族並不存在。就連我也是如此，如果有這項技能，我就會仰賴華麗創業，一開始也不會那麼辛苦了。因此，我希望各位能夠實踐低調創業，並逐漸養成「推廣能力」。

「協助者⇩指導者⇩負責人」，隨著這個流程來增加報酬與影響力，掌控事業的責任也會增加。換句話說，**擁有「推廣能力」的負責人，會為客戶帶來最好的成果。**

因此，想要成為負責人而大顯身手，光是協助他人是不行的，你必須發揮領導能力，相繼提出推廣策略，來發展客戶的事業。

即便往來的人與銷售的商品改變了，只要你擁有能夠貫徹始終的「推廣能力」，無論你身在何處，都可以用來自力更生。

請務必透過本書所介紹的實踐方式，以協助者的身分增加經驗值，並一邊磨練推廣能力。

擁有「推廣能力」，就能夠在廣大的領域為社會貢獻。

我也是因為有「推廣能力」，才有辦法逐漸挑戰「我想要做的事」。只要有推廣能力，除了銷售物品和服務以外，當你想要幫助他人時，也可以募集到資金。

舉例來說，我最近就協助推廣了某項活動。

那是來自烏干達的一個案子，企畫名稱是「讓前童兵回歸社會」，為了那些因戰爭等而需要支援的人募集捐款。

我是和特定非營利法人「地球復興」（Terra Renaissance）的鬼丸昌也先生一起執行這個案子的，對方的目標是實現所有生命都能夠安心生活的社會（世界和平）。

從結果來說，我們大約獲得了一百人的支持，只花了一個星期就募集到超過九百五十萬日圓的捐款。

當然，既然都參與了企畫，我自己也有捐款。我是以志工身分參加這項企畫的，正因為我有「推廣能力」，才能夠得到許多人的協助，拿出一項成果。

如此這般，只要有「推廣能力」，任何企畫的成功機率都會顯著提升。

想持續執行低調創業且有意發展到下一個階段的人，就必須學習推廣能力。

有推廣能力，就能夠推廣你真正覺得有必要的事，貢獻社會。如此一來，**不僅可以協助客戶，還有可能對社會帶來偌大的影響。**

因此，這個低調創業和打工、單純的副業不同，是打造夢想未來的嶄新職涯策略之一。

統整

- **1.** 只要有推廣能力，選擇性就會顯著擴大。
- **2.** 負責人甚至能夠貢獻社會。
- **3.** 低調創業是未來的職涯策略。

用「超長期視角」來規畫職涯

我實際感受到，自己能盡早執行低調創業，真是太好了。本來我會脫離公司，就是因為對未來感到不安，不過最大的原因在於我很笨拙。

我從小對任何事情的記憶力就很差。

我印象最深刻的，是在體育課練習翻轉上槓的經驗。

一開始大家都因為第一次做翻轉上槓，經歷了一番苦戰，不過機靈的孩子沒多久就能夠順利且漂亮地轉上去了。

然而，就只有我無論挑戰幾次都轉不上去。我就這樣每天都在進行單槓的特訓。

很快地，大多數孩子都厭倦了單槓，開始對足球、籃球等球賽產生興趣。即便如此，我還是一個勁兒與單槓奮戰。在我終於學會翻轉上槓後，便想要更進一步鑽研單槓。過了一年後，我已經可以在單槓上不停翻轉，唯有單槓這項運動，我變得比任何人都更擅長。

我從這個經驗中，學到了人生的教訓。

「我比其他人笨拙。如果想要領會什麼，就必須比別人更早挑戰，並長時間持續。只要長時間持續下去，絕對會有一線希望。另一方面，假如是從急起直追開始，我就會追不上其他人，所以，一旦發現讓我覺得『就是這個！』的事物，就算只早了一點，我也要比其他人更早起步。」

在那之後，「盡早開始並長時間持續」便成為我的成功模式，銘記在我的腦海中。

因為不想依賴公司生存下去，我決定挑戰做生意，那時我設下了七年內要達到年收入一千萬日圓的目標。在華麗創業的世界中，這個目標十分寬鬆，也很保守。我們經常會在巷弄中看到「三個月賺一百萬日圓」這種廣告標語，不過，笨拙的我完全沒有任何自信能在短期間內就達成。因此，我故意用超長期的視角來規畫人生。我跟自己約好，在七年的這段期間內，無論失去自信、陷入怎樣的困境，都要透過各種挑戰來提高技能與經驗，持續成長。結果，我在一年多以後達成了目標。世界上大多數的人，都無法將挑戰某種事物的時間軸設定得很長遠，但這才是機會所在。**只要用比他人更長遠的時間軸來規畫人生，就不會畏懼挑戰，我非常推薦這個方法。**

我在二十五歲以後對未來感到不安，對人生迷惘時，回想起這個成功模式。

「以我的情況來說，比起到了四、五十歲，都火燒屁股了才急急忙忙地離開公司，趁年輕盡早離開公司，風險比較小。」

「如果是現在的歲數，即使遭逢一些失敗，也不是沒有回去當上班族的機會。」

「總之，要盡快摸索創業的道路。」

我以這些想法為基礎，向公司提出了辭呈。現在回想起來，繼續當正職員工也能展開低調創業，我沒必要花光上班族時期的存款去參加各種課程。

不過，包含這些歷程，都是我必然會繞的遠路，這才像我。因為，我再次驗證了自己需要花長時間去領悟一些什麼的個人成功模式。

想要開始低調創業，完全沒有任何年齡或性別的限制，沒有從幾歲開始就太晚了這種事。如果你在看了這本書後，對低調創業產生興趣，我希望你立刻採取行動。

統整

1. 想要挑戰什麼時，要把時間軸設定得長遠一些。
2. 低調創業的「金錢」和「價值」都能由自己掌控。
3. 盡早開始，風險比較低。

正因為是平凡人，才能選擇史上最強的職涯對策

讀到這裡，我想各位應該十分了解「低調創業的難度很低」這件事了。在本書的最後，就讓我說一些叮嚀吧。

關於人們對商業書籍的評論，經常會提到「話雖如此，但作者本身就有特別的才能」、「這無法套用在一般人身上」等內容。

不過，正在寫這本書的我，絕對不是什麼特別的人，倒不如說，是很普通的類型。「雖然這麼說很抱歉，但我完全看不出來你會成功。」事實上，曾經有成功人士這麼對我說過。

這是在我想要加入某個創業課程時的事情。

那個課程並不是只要付錢就可以加入的，必須參加事前面試，若沒有通過面試，就不能參加。我想著「必須要好好做才行」，穿上了所有西裝裡看起來最好的一套去參加面試。對沒有任何實績與經驗的我而言，光是穿西裝就讓我煞費苦心了。

來面試我的人，跟我這種普通的上班族完全不同，是兩位身經百戰的創業家。一位是跟我同世代的創業家，另一位是年紀大我一輪，看起來經驗很豐富的創業家。周遭參加面試的人全都是創業家，唯一完全沒有實際成績的我，只覺得快要被當時的氣氛給吞沒……

由於我非常緊張，記憶有些模糊了，不過印象中我好像被問了「對你來說，市場行銷是什麼？」這一類的問題。

我的水準只能回答「市場行銷這個詞，我是第一次聽到」這種內容，因此我苦思著該怎麼回應。在面談的過程中，我一直冷汗直流。

在這個情況之下，發生了如同對我窮追猛打的衝擊性事件。

那位年輕企業家上下打量我一番之後，這麼說：

「我光看你身上從襪子到領帶的顏色，就完全看不出有任何一點成功的可能性。非常抱歉，我不認為你會成功。」

被對方這麼直接地全盤否定，讓我深受打擊。

如果是被評論「沒有霸氣」、「看起來沒有自信」，我可能還能接受，但被評論「完全看不出來會成功」就沒救了。

在那之後，我們進行了什麼對話，我已經不記得了。在太過羞恥的面試中，我始終面紅耳赤。

面試結束後，我意志消沉地走在回家的路上，湧現出稱不上憤怒也談不上悲傷的情緒。

「他根本不了解我……」

「我明明什麼都還沒有做，就說我不會成功，究竟是什麼意思？」

「不會成功的襪子顏色是什麼？誰知道啊！」

我決定不再參加課程，想暫時冷靜一下。

沒想到，日後那位看似經驗豐富的年長創業家，竟然打電話給我。

我很坦白地告訴對方，我已經失去自信，在感到羞恥的地方實在無法活躍。對方聽我說了很多，並和我進行諸多討論後，鼓勵我說：「沒關係，你就一起試試看吧！」

結果我還是去參加了課程。在背後推我一把，除了「推廣能力」以外還教導了我商業全貌的人，正是 Con-Labo Express 公司的北野哲正先生。

如果當時沒有北野先生的支持，我想我可能就沒有創業的勇氣了。

無論如何，**那個曾被說「完全看不出來會成功」的我，在經過一番曲折後還是創業了，並且以此為生。**現在，我開始提攜後輩，甚至還能像這樣寫書。

像過去的我一樣沒有技能與實績，也沒有霸氣、沒人脈、低調又普通的人，要大放異彩的最簡單方法，就是「支援某人」。

成為某人的協助者，一邊賺錢，一邊累積實際成績。這麼一來，必定會打開一條大道。

我希望，那些認為「現在的自己沒有任何事值得誇耀」的人能夠知道，只要持續用正確的方法，一定可以拿出成果。畢竟，自己的人生可以變成任何模樣。

統整

1. 正因為沒有特別的才能，才能夠低調創業。
2. 在協助某人的過程中，就會打開通往未來的路。
3. 自己的人生可以變成任何模樣。

後記

非常感謝各位讀完這本書。這是我第一次出書，我仔細地將所有想法、經驗和技巧都寫在這本書裡。

在讀了這本書之後，希望你能追隨已經拿出成果的前輩，去實踐「低調創業」，掌握能夠選擇人生的未來。最重要的是，如果有一天我能直接與你相遇，我會非常高興。

在本書中，我提到了，「比起將喜歡的事當成事業，去支援喜歡的人的事業，會比較順利。」

在這個未來方向不明確的時代，光靠自己一個人，能夠努力的事有限。不要一個人埋頭苦幹，而是跟夥伴一起成長。這才是在個人能夠大放異彩的時代裡，真正的人生策略。

對於這種工作方式，我鼓勵要「全員獲勝」，並加以實踐。就連這本書也是，我並不是憑一己之力，而是在許多相關夥伴與家人的支持下，才能夠問世的。

多虧了在THE LEAD公司與我一同工作的夥伴的支持，我才能集中精神撰寫這本書。也正因為有推廣講座、PP講座（Power-Up Practice，加強練習）夥伴的成功案例，我才能在這本書裡介紹具體的案列。

家人的存在也非常重要。首先，我要感謝把我健康養育成人的雙親。我突然就創業，至今為止他們也被我折騰了一番，不過今後我會好好孝順父母的。

接著是我深愛的妻子。如果不是妻子在忙碌的每一天奉獻般地協助我，我根本不可能寫出這本書。謝謝妳一直支持我。

那麼，這真的是最後的一段話了。

請務必以這本書為契機，踏出一小步。即使你現在的狀態很平凡、很無趣，甚至沒有自信也無所謂。支援某人的生活方式，會使你顯著成長。

如果這本書對你的人生有帶來些微的正面影響，身為作者的我會感到非常榮幸。

真的非常感謝各位閱讀到最後。

田中祐一

二〇一九年八月吉日

低調創業
——任何一個平凡人，都可以在幫助別人的過程中，找到自己的商業價值
僕たちは、地味な起業で食っていく。

作　　者——田中祐一
譯　　者——郭子菱
封面設計——江孟達
內頁編排——劉好音
特約編輯——洪禎璐
責任編輯——劉文駿
行銷業務——王綬晨、邱紹溢、劉文雅
行銷企劃——黃羿潔
副總編輯——張海靜
總 編 輯——王思迅
發 行 人——蘇拾平
出　　版——如果出版
發　　行——大雁出版基地
地　　址——231030 新北市新店區北新路三段 207-3 號 5 樓
電　　話——（02）8913-1005
傳　　真——（02）8913-1056
讀者傳真服務—（02）8913-1056
讀者服務 E-mail— andbooks@andbooks.com.tw
劃撥帳號 19983379
戶　　名 大雁文化事業股份有限公司
出版日期 2024 年 07 月 再版
定　　價 380 元
ISBN 978-626-7498-01-9

國家圖書館出版品預行編目資料

低調創業：任何一個平凡人，都可以在幫助別人的過程中，找到自己的商業價值／田中祐一著；郭子菱譯 . – 再版 . – 新北市：如果出版：大雁出版基地發行 , 2024. 07
面；公分
譯自：僕たちは、地味な起業で食っていく。
ISBN 978-626-7498-01-9（平裝）

1. 創業

494.1　　113007590

如果